同济博士论丛
TONGJI Dissertation Series

总主编 伍 江 副总主编 雷星晖

孙伟伟 刘 春 姚连璧 著

基于流形学习的高光谱遥感影像
降维理论与方法研究

Theory and Methods of Dimensionality Reduction
Using Manifold Learning for Hyperspectral Imagery

同濟大学 出版社
TONGJI UNIVERSITY PRESS

内 容 提 要

本书主要利用流形学习进行了高光谱遥感影像的降维研究,主要内容包括:高光谱影像的低维流形坐标的光谱意义解释;不同流形坐标所代表的高光谱影像中地物光谱特征差异分析;高光谱遥感影像的 UL-Isomap 降维算法及实验分析;高光谱遥感影像的 ENH-LTSA 降维算法及实验分析;联合 ILE 降维和 IKNN 分类器的高光谱影像分类。

本书研究结合高光谱遥感影像数据特征的流形学习方法提出了降维的改进模型,改善了流形学习降维的低维嵌入结果和计算速度,可以更好地指导后续的高光谱遥感影像分类、目标识别和异常检测等应用。

本书适用于测绘科学与技术、摄影测量与遥感等相关专业和领域的读者。

图书在版编目(CIP)数据

基于流形学习的高光谱遥感影像降维理论与方法研究 /
孙伟伟,刘春,姚连璧著. --上海:同济大学出版社,2017.5
(同济博士论丛 / 伍江总主编)
ISBN 978-7-5608-6986-5

Ⅰ. ①基… Ⅱ. ①孙… ②刘… ③姚… Ⅲ. ①光谱分
辨率-光学遥感-遥感图像-图像处理②光谱分辨率-光
学遥感-遥感图像-方法研究 Ⅳ. ①TP751

中国版本图书馆 CIP 数据核字(2017)第 093793 号

基于流形学习的高光谱遥感影像降维理论与方法研究

孙伟伟　刘　春　姚连璧　著

出 品 人　华春荣　　责任编辑　李　杰　卢元姗
责任校对　徐逢乔　　封面设计　陈益平

出版发行　同济大学出版社　　www.tongjipress.com.cn
　　　　　(地址:上海市四平路 1239 号　邮编:200092　电话:021-65985622)
经　　销　全国各地新华书店
排版制作　南京展望文化发展有限公司
印　　刷　浙江广育爱多印务有限公司
开　　本　787 mm×1092 mm　1/16
印　　张　14
字　　数　280 000
版　　次　2017 年 5 月第 1 版　　2017 年 5 月第 1 次印刷
书　　号　ISBN 978-7-5608-6986-5

定　　价　88.00 元

"同济博士论丛"编写领导小组

"同济博士论丛"编辑委员会

总 主 编：伍 江

副 总 主 编：雷星晖

编委会委员：（按姓氏笔画顺序排列）

袁万城　莫天伟　夏四清　顾　明　顾祥林　钱梦騄

徐　政　徐　鉴　徐立鸿　徐亚伟　凌建明　高乃云

郭忠印　唐子来　阎耀保　黄一如　黄宏伟　黄茂松

戚正武　彭正龙　葛耀君　董德存　蒋昌俊　韩传峰

童小华　曾国苏　楼梦麟　路秉杰　蔡永洁　蔡克峰

薛　雷　霍佳震

秘书组成员： 谢永生　赵泽毓　熊磊丽　胡晗欣　卢元姗　蒋卓文

总 序

在同济大学110周年华诞之际，喜闻"同济博士论丛"将正式出版发行，倍感欣慰。记得在100周年校庆时，我曾以《百年同济，大学对社会的承诺》为题作了演讲，如今看到付梓的"同济博士论丛"，我想这就是大学对社会承诺的一种体现。这110部学术著作不仅包含了同济大学近10年100多位优秀博士研究生的学术科研成果，也展现了同济大学围绕国家战略开展学科建设、发展自我特色，向建设世界一流大学的目标迈出的坚实步伐。

坐落于东海之滨的同济大学，历经110年历史风云，承古续今、汇聚东西，秉持"与祖国同行、以科教济世"的理念，发扬自强不息、追求卓越的精神，在复兴中华的征程中同舟共济、砥砺前行，谱写了一幅幅辉煌壮美的篇章。创校至今，同济大学培养了数十万工作在祖国各条战线上的人才，包括人们常提到的贝时璋、李国豪、裘法祖、吴孟超等一批著名教授。正是这些专家学者培养了一代又一代的博士研究生，薪火相传，将同济大学的科学研究和学科建设一步步推向高峰。

大学有其社会责任，她的社会责任就是融入国家的创新体系之中，成为国家创新战略的实践者。党的十八大以来，以习近平同志为核心的党中央高度重视科技创新，对实施创新驱动发展战略作出一系列重大决策部署。党的十八届五中全会把创新发展作为五大发展理念之首，强调创新是引领发展的第一动力，要求充分发挥科技创新在全面创新中的引领作用。要把创新驱动发展作为国家的优先战略，以科技创新为核心带动全面创新，以体制机制改革激发创新活力,以高效率的创新体系支撑高水平的创新型国家建设。作为人才培养和科技创新的重要平台,大学是国家创新体系的重要组成部分。同济大学理当围绕国家战略目标的实现,作出更大的贡献。

大学的根本任务是培养人才,同济大学走出了一条特色鲜明的道路。无论是本科教育、研究生教育,还是这些年摸索总结出的导师制、人才培养特区,"卓越人才培养"的做法取得了很好的成绩。聚焦创新驱动转型发展战略,同济大学推进科研管理体系改革和重大科研基地平台建设。以贯穿人才培养全过程的一流创新创业教育助力创新驱动发展战略,实现创新创业教育的全覆盖,培养具有一流创新力、组织力和行动力的卓越人才。"同济博士论丛"的出版不仅是对同济大学人才培养成果的集中展示,更将进一步推动同济大学围绕国家战略开展学科建设、发展自我特色、明确大学定位、培养创新人才。

面对新形势、新任务、新挑战,我们必须增强忧患意识,扎根中国大地,朝着建设世界一流大学的目标,深化改革,勠力前行!

万　钢

2017 年 5 月

论丛前言

　　承古续今，汇聚东西，百年同济秉持"与祖国同行、以科教济世"的理念，注重人才培养、科学研究、社会服务、文化传承创新和国际合作交流，自强不息，追求卓越。特别是近 20 年来，同济大学坚持把论文写在祖国的大地上，各学科都培养了一大批博士优秀人才，发表了数以千计的学术研究论文。这些论文不但反映了同济大学培养人才能力和学术研究的水平，而且也促进了学科的发展和国家的建设。多年来，我一直希望能有机会将我们同济大学的优秀博士论文集中整理，分类出版，让更多的读者获得分享。值此同济大学 110 周年校庆之际，在学校的支持下，"同济博士论丛"得以顺利出版。

　　"同济博士论丛"的出版组织工作启动于 2016 年 9 月，计划在同济大学 110 周年校庆之际出版 110 部同济大学的优秀博士论文。我们在数千篇博士论文中，聚焦于 2005—2016 年十多年间的优秀博士学位论文 430 余篇，经各院系征询，导师和博士积极响应并同意，遴选出近 170 篇，涵盖了同济的大部分学科：土木工程、城乡规划学（含建筑、风景园林）、海洋科学、交通运输工程、车辆工程、环境科学与工程、数学、材料工程、测绘科学与工程、机械工程、计算机科学与技术、医学、工程管理、哲学等。作为"同济博士论丛"出版工程的开端，在校庆之际首批集中出版 110 余部，其余也将陆续出版。

　　博士学位论文是反映博士研究生培养质量的重要方面。同济大学一直将立德树人作为根本任务，把培养高素质人才摆在首位，认真探索全面提高博士研究生质量的有效途径和机制。因此，"同济博士论丛"的出版集中展示同济大学博士研究生培养与科研成果,体现对同济大学学术文化的传承。

"同济博士论丛"作为重要的科研文献资源,系统、全面、具体地反映了同济大学各学科专业前沿领域的科研成果和发展状况。它的出版是扩大传播同济科研成果和学术影响力的重要途径。博士论文的研究对象中不少是"国家自然科学基金"等科研基金资助的项目,具有明确的创新性和学术性,具有极高的学术价值,对我国的经济、文化、社会发展具有一定的理论和实践指导意义。

"同济博士论丛"的出版,将会调动同济广大科研人员的积极性,促进多学科学术交流、加速人才的发掘和人才的成长,有助于提高同济在国内外的竞争力,为实现同济大学扎根中国大地,建设世界一流大学的目标愿景做好基础性工作。

虽然同济已经发展成为一所特色鲜明、具有国际影响力的综合性、研究型大学,但与世界一流大学之间仍然存在着一定差距。"同济博士论丛"所反映的学术水平需要不断提高,同时在很短的时间内编辑出版110余部著作,必然存在一些不足之处,恳请广大学者,特别是有关专家提出批评,为提高同济人才培养质量和同济的学科建设提供宝贵意见。

最后感谢研究生院、出版社以及各院系的协作与支持。希望"同济博士论丛"能持续出版,并借助新媒体以电子书、知识库等多种方式呈现,以期成为展现同济学术成果、服务社会的一个可持续的出版品牌。为继续扎根中国大地,培育卓越英才,建设世界一流大学服务。

伍 江

2017 年 5 月

前　言

　　高光谱遥感利用成像光谱仪可以获得地球表面上各地物的数十个至数百个波段的光谱特征,能够用来区分地物之间在原来多光谱影像中无法区分的细微差异。高光谱遥感目前广泛应用于海洋水质监测、植被覆盖制图、大气环境监测等多个领域,取得了遥感领域中前所未有的重大成就。相比多光谱影像,高光谱影像具有波段众多、光谱分辨率高、波段相关性强且数据冗余度高等特性,这些特性使得学者们在应用高光谱影像解决实际问题的同时,也广泛研究高光谱影像的数据处理问题。其中,由于波段相关性强和数据冗余度高,高光谱影像的降维成为影响后续的分类、目标识别和异常探测等研究的技术前提和重要工作基础。而且高光谱影像的特性也对传统的遥感影像处理理论提出挑战。因此,研究降维对高光谱数据处理的理论和实际应用具有重大的科学意义。

　　高光谱影像降维中,波段选择根据一定的度量准则能够选取合适的波段组合。然而,波段选择容易忽略其他波段的重要信息,而且选择的最佳波段组合随度量准则的不同差异很大。相比波段选择,线性特征提取方法能够更好地保留原始高光谱影像的重要信息。然而,线性方法的潜在线性假设模型与高光谱影像数据的非线性本质产生矛盾,因此并不十分适用于高光谱影像。基于核的非线性降维方法,利用 Mercer 核及其对应的再生核希尔伯特空间,通过定义 Mercer 核隐式地定义特征空间来实现降维。然而,核函数通常只能通过经验来选取而且缺乏物理直观意义解释。

神经生理学研究发现,人的感知是以流形的方式存在,高维的人脸图像其实是由光线强度、人离相机的距离以及人的头部姿势等少数几个变量来控制的。在此基础上,学者们结合神经生理学和微分几何的研究成果,提出流形学习方法来研究高维数据的非线性降维问题。流形学习方法假设高维数据集均匀采样于统一的低维流形上,通过高维数据集的高效率降维可以发掘潜在的低维流形。高光谱影像作为典型的高维空间数据,由于双向反射分布函数效应、多重散射及像素成分的异质性等原因具有明显的非线性特征。因此,在充分分析国内外学者对于高光谱影像降维问题研究的基础上,本书从高光谱数据的非线性本质出发引入流形学习方法,研究适合高光谱影像数据特性的非线性流形学习降维理论和方法体系,目的在于指导后续的高光谱影像分类、目标识别和异常探测等应用。本书的具体研究内容如下:

(1) 高光谱影像的低维流形坐标的光谱意义解释

流形学习降维后,低维流形坐标能够保留原始影像中地物的光谱特征信息。当前研究侧重于流形学习降维方法的数学模型,没有认真剖析流形坐标和光谱特征的对应关系,这使得高光谱影像的流形学习降维缺乏理论支持。因此,本书研究高光谱影像的低维流形坐标的光谱意义解释,建立低维流形坐标与地物的光谱特征的对应关系,为高光谱影像的流形学习降维处理提供坚实的理论基础。

(2) 不同流形坐标所代表的高光谱影像中地物光谱特征差异分析

流形学习方法能够通过降维来保留影像内部各地物的光谱特征。

然而,流形学习方法的数学模型不同导致不同方法的低维流形坐标继承地物的光谱特征的能力不同。当前研究侧重于单一流形学习方法,没有认真分析过不同流形学习的嵌入结果所带来的原始影像中相同地物的光谱特征的差异。因此,在确定两种流形坐标代表相同的光谱意义解释的基础上,分析两种流形坐标的不同所带来的地物的光谱特征的差异,并用于提取在单一方法的低维流形图中无法得到的原始影像的潜在特征,从而进一步深化高光谱影像的流形学习降维理论。

(3) 结合高光谱影像特性的流形学习降维的改进模型

相比传统的多光谱影像数据,高光谱影像具有维数高、"图谱合一"和海量数据等特性。高维特性使得在流形学习降维中需要考虑像素点在高维空间的分布特征。"图谱合一"特性使得在流形学习降维中需要同时考虑高光谱影像的空间特征和光谱特征。海量数据特性使得在流形学习降维中需要考虑提高流形学习方法的计算效率。因此,本书研究结合高光谱影像数据特性的流形学习降维的改进模型,改善流形学习降维的低维嵌入结果和计算速度,目的在于更好地指导后续的分类、目标识别和异常检测等应用。

目　录

第 **1** 章

绪　论

1.1　研究背景和意义

1983 年,世界上第一台航空成像光谱仪 AIS-1 由美国加州大学喷气推进实验室(JPL)研制成功,并在矿物填图、植被化学等方面取得了成功(陈述彭等,1998)。成像光谱仪以其纳米级的光谱分辨率和在可见光到短波红外甚至热红外波段的超多波段成像特点,引起各国学者和广大遥感技术人员的高度重视。从此以后,许多国家先后研制了多种类型的航空成像光谱仪,如美国的 AVIRAS 和 DAIS、加拿大的 FLI 和 CAI、德国的 ROSIS 及澳大利亚的 HyMap(浦瑞良等,2000)。尤其 AVIRIS 的影响最大,它革命性地推动了高光谱遥感技术和应用的发展。20 世纪 90 年代末,航天遥感技术迅速发展,世界上又产生了许多航天成像光谱仪,如美国的基于 EOS 的 Terra 综合平台的中分辨率成像光谱仪 MODIS、"新千年计划第一星"的 EO-1、空军强力星-2(Mightysat-2)卫星上搭载的傅里叶高光谱成像仪(FTHSI)、欧洲环境卫星(ENVISAT)的 MERIS 以及欧洲的 CHRIS 卫星。20 世纪 80 年代中期起,我国也开始研制航空成像光谱仪,如 71 波段多光谱机载成像光谱仪 MAIS、推扫式成像光谱仪(PHI)和实用型模块化成像光谱仪(OMIS)等(Tong等,2006),并在国内外得到多次成功应用。同时,我国在航天成像光谱仪研制方面也取得很大进展。目前研制的航天成像光谱仪主要有中分辨率成像光谱仪(CMODIS)、星载高分辨率成像光谱仪(C‐HRIS)、环境与灾害监测预报小卫星A星上携带的高光谱成像仪(HJ‐1A)以及"天宫一号"所携带的最新的高光谱成像仪。

成像光谱仪技术的广泛应用是遥感在概念和技术上的重大创新,引领遥感进入了高光谱阶段。高光谱遥感是利用成像光谱仪,在电磁波谱的可见光、近红外和中红外区域,获取非常窄且光谱连续的图像数据的技术(浦瑞良等,2000)。高光谱遥感具有"图谱合一"的特点,利用成像光谱仪纳米级的分辨率,以几十至几百个波段同时对地表地物成像,获取地物连续光谱信息,实现了地物空间信息、辐射信息、光谱信息的同时获取,如图1‐1所示。高光谱遥感目前在海洋水质监测(Koponen等,2002;Olmanson等,

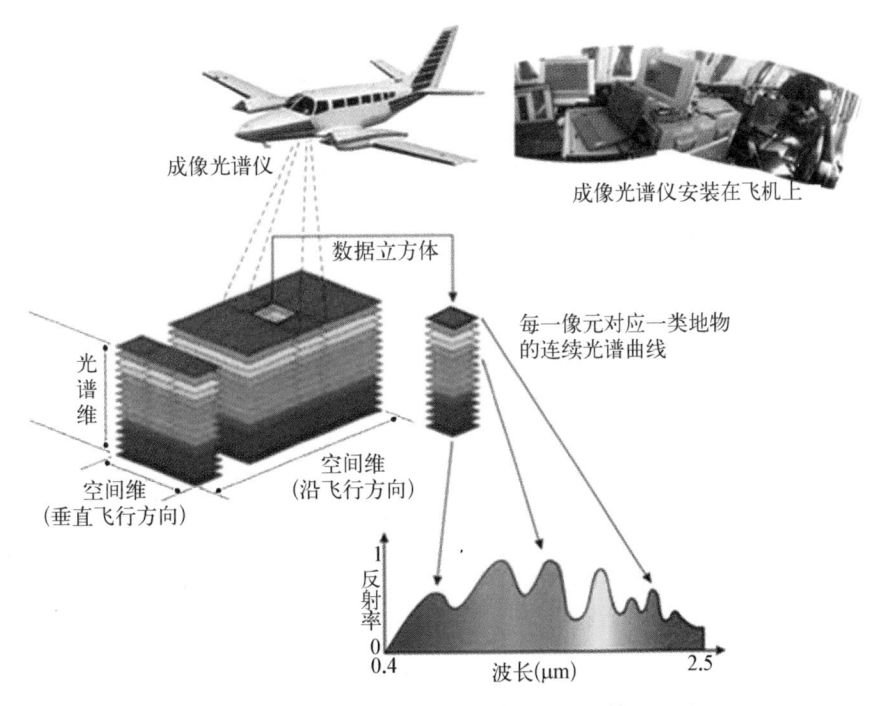

图 1‐1　高光谱遥感技术示意图(Kruse等,2000)

2013)、精细农业(Askraba 等,2013;Sanches 等,2013)、植被覆盖制图(Al-Moustafa 等,2012;Zhang 和 Xie,2012)、地质和矿产调查(Luo 等,2012;Murphy 等,2012)、大气监测(Rodger,2011;Hu 等,2012)和国防安全(Tiwari 等,2011;Caulk 等,2012)等领域取得了广泛应用。

高光谱遥感中,成像光谱仪为每个像素提供数十个至数百个窄波段的光谱信息,能够产生一条完整而连续的光谱曲线。它使本来在多光谱遥感中不可探测的物质,在高光谱中能被探测。研究表明,许多地表物质的吸收特性在吸收峰度一半处的宽度为 20~40 nm,由于成像光谱仪获得的连续波段宽度一般在 10 nm 以内,因此它能以足够高的光谱分辨率区分出具有诊断性光谱特征的地表物质。而多光谱遥感则无法探测这些具有诊断性光谱吸收特征的物质,因为它们的波段宽度一般在 100~200 nm,远宽于诊断性光谱宽度,而且光谱上并不连续(童庆禧等,2006),如图 1-2 所示。相比多光谱遥感,高光谱遥感具有以下特点(张良培等,2005;Yuen 和 Richardson,2010):① 波段更多,通常涵盖可见光和近红外范围内数十个至数百个波段;② 光谱分辨率更高,光谱采样间隔约为 10 nm,精细的光谱分辨率能够反映地物光谱的细微特征;③ 数据量更大,随着波段数增加,高

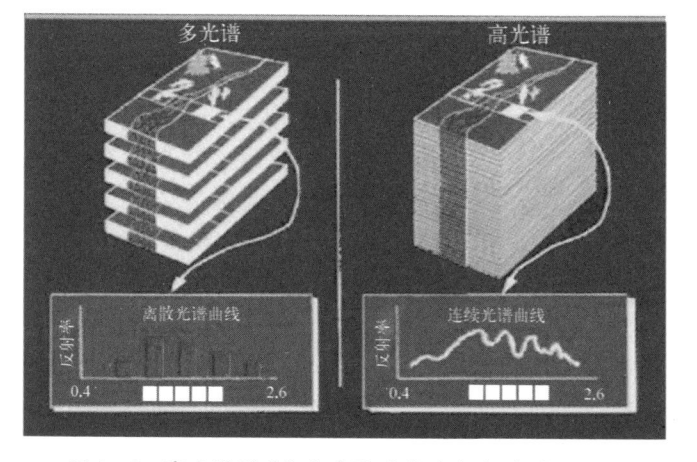

图 1-2 高光谱遥感与多光谱遥感对比(杨诸胜,2006)

光谱数据量呈指数增加;④ 图谱合一,在获取光谱图像的同时,也获取图像中每个像素的连续光谱;⑤ 数据相关性和冗余度增大,纳米级的光谱采样间距,造成相邻波段的高度相关性,加上相邻像素灰度的相关性,数据冗余度急剧增加;⑥ 数据信噪比较低,噪声增加。

高光谱遥感的特性引导学者们在应用高光谱影像数据解决实际问题的同时,也开始研究相应的影像数据处理技术和方法,以便更好满足实际的应用需求。综合分析,目前针对高光谱影像的数据处理研究主要集中在以下四大方面:

1. 高光谱影像的预处理

预处理的目的是为了消除各种原因引起的传感器记录的地面观测目标的反射或辐射能力的光谱辐射绝对值的失真。预处理包括成像光谱仪定标、坏线修复、大气校正、几何校正和消除噪声等。成像光谱仪定标是要建立成像光谱仪每个探测元件输出的量化值(Digital Number, DN)与它所对应像素内的实际地物的辐射亮度值之间的定量关系。坏线修复是对图像进行逐波段检查,修复无数据或数值非常小的一行或一列。大气校正是为消除在"太阳—大气—地物—大气—传感器"的电磁辐射传播过程中附加在传感器输出的辐射能量中的各种噪声。几何校正是为消除遥感器在对地观测的过程中,受大气环境、地球自转、地球曲率、地表起伏、传感器工作模式和平台状况等多种因素的影响而存在于遥感影像的几何畸变。消除噪声是通过如高斯滤波、维纳滤波器和小波变换等滤波方法消除影像内部的噪声,提高影像的信噪比以满足后续应用需求。

学者们在高光谱影像预处理方面做了许多工作,如成像光谱仪定标方面,张良培等针对鄱阳湖地区的成像光谱仪遥感数据,利用 3 种不同的常用定标模型进行定标反演的研究(张良培等,1997);Lawrence 等研究推扫式成像光谱仪的定标问题来满足精细农业监测应用(Lawrence 等,2003);马庆军(2012)等对比分析高光谱影像实验室定标的常用方法,用以提高辐射校正的精度;金辉等基于单色准直光标定法对高光谱遥感器进行了光谱性能参数定标,并利用数据采集软件及数据处理软件分析定标数据(金辉,2013)。坏线修复方面,Leathers 等基于影像场景提出检测坏线中坏像素的方法(Leathers 和 Downes,2006);张东等利用像素灰度斜率阈值法、波段全局归一化法和归一化差值指数法实现影像的坏线修复和垂直条纹去除来方便区分潮滩研究区的地物(张东等,2009)。大气校正方面,赵祥等利用多波段线性回归与插值方法来改进暗目标的大气辐射(赵祥等,2007);Hu 等利用 MODTRAN4 建立差阅表数据库来提高高光谱影像大气校正的结果(Hu 等,2012);Kim 等采用直接太阳光束的散射角来研究 CASI 高光谱影像的大气校正问题(Kim 等,2012)。几何校正方面,Bueuer 等利用混合辅助数据来解决小推扫式机载扫描成像光谱仪的几何校正问题(Breuer 和 Albertz,2000);Fontinovo 等利用多项式模型和有理函数来实现 MIVIS 高光谱影像的快速几何纠正(Fontinovo 等,2012);柯刚扬等通过分析线性旋转扫描成像光谱仪扫描时引起的物距变化及几何误差,提出相应的几何校正模型以提高高光谱成像的清晰度(柯刚扬等,2012)。噪声消除方面,路威(2005)等提出基于平稳小波变换的改进小波滤噪方法来抑制高光谱影像的内部噪声,提高数据的信噪比;Zelinski 等利用小波变换和离散逼近来研究高光谱影像的去噪问题(Zelinski 和 Goyal,2006);Chen 等采用主成分分析(Principal Component Analysis,PCA)和小波阈值去噪来消除高光谱影像的噪声(Chen 和 Qian,2009);韩玲等提出改进的行平滑条带滤波方法,对含有条带噪声波段行均值曲线进行平滑处理,调整图像中各像素的灰度值以减小行间灰度差异,提高高光谱影像的峰值信噪比(韩玲等,2009)。

2. 高光谱影像的降维

降维是为消除高光谱影像波段间的相关性,并得到原始影像信息的最大程度的保留。高光谱影像降维可分为波段选择和特征提取。波段选择是按照一定的准则直接从原始影像中选出一个波段子集。特征提取是采用一定的映射变换将原始影像数据变换到低维的新的特征空间,并使变换后的特征达到某种意义上的最优。目前学者对高光谱影像降维开展了广泛研究。波段选择方面,如杨国鹏等引入核方法来提取高光谱影像最优波段组合(杨国鹏,2007);Martinez 等引入分层聚类结果来最小化类内差异并最大化类间差异来选取高光谱影像的最佳波段组合(Martínez 等,2007);Zare 等通过在离散提升迭代限制端元算法中增加波段权重和稀疏提升先验知识来获得改善的波段选择结果(Zare 和 Gader,2008);Xia 等基于复杂网络理论,利用波段来实现网络拓扑分析获得最佳波段组合(Xia 等,2012)。特征提取方面,如 Bruce 等提出二进制离散小波转换方法来研究高光谱影像的特征提取问题(Bruce 等,2002);Pal 等基于 JPEG - 2000 标准来提取高光谱影像内部特征以完成影像分类(Pal 等,2002);Hsu 提出小波变换和匹配追踪方法来研究高光谱影像特征提取以实现高光谱影像分类(Hsu,2007);Yin 等基于赫斯特和李雅普诺夫指数提出非线性半监督方法来提取高光谱影像内部特征(Yin 等,2012)。

3. 高光谱影像的分类

分类是确定影像中每个像素对应的地物所属的类别。高光谱影像分类可采用原始影像数据或降维后的低维光谱向量来进行。然而,高光谱影像波段众多且数据冗余度大,这导致利用原始波段来分类的计算量随波段数呈指数增加(杨诸胜,2006)。此外,由于波段众多,高光谱影像的分类存在严重的"Hughes"现象,需要异常多的训练样本来保证高精度的分类结果。因此,通常先降维后高光谱影像后利用低维特征向量来完成分类,如 Gomez-Chova 等考虑高光谱影像中波段间的局部相关性,采用顺序浮点波段选择算法来选取波段子集以满足农作物的高精度分类(Gomez-Chova 等,2003);Su 等提出半监督波段聚类方法来选取高光谱影像中最佳波段组合,满足后续的高精度分类要求(Su 等,2011);Li 等采用局部保持投影降维高光谱影像用以提高高光谱影像的分类精度(Li 等,2012);Yang 等提出粒子群优化算法来降维高光谱影像,然后采用支持向量机来提高城市土地覆盖分类的精度(Yang 等,2012)。

4. 高光谱影像的目标识别和异常检测

目标检测是判断影像场景中是否存在特定光谱特征的小目标地物。异常检测是根据特定数学模型来检测出影像场景中存在的低概率小目标地物。相比目标识别,高光谱影像异常检测不需要任何光谱特征的先验知识。高光谱影像数据冗余量大,影像内部的冗余信息严重影响目标识别精度和异常检测结果。因此,通常先对高光谱影像进行降维然后进行目标识别和异常检测(Du,2003),如 Chiang 等提出投影寻踪方法降维高光谱影像至一个低维空间来识别地物目标(Chiang 等,2001);Farrell 等利用 PCA 降维高光谱影像,并用以提取影像内部的难以识别的地物目标(Farrell 和 Mersereau,2005);Kwon 等通过引入核方法至子空间混合模型,提出核匹配子空间探测器来降维高光谱影像至低维空间来探测异常信息(Kwon 和 Nasrabadi,2006);Ma 等引入局部切空间排列方法来降维高光谱影像并探测异常信息(Ma 等,2010);Fowler 等引入随机映射来降维高光谱影像并采用 Reed-Xiaoli(RX)算子来检测高光谱影像的异常信息(Fowler 和 Du,2012)。

综上可以看出,高光谱影像降维是实现后续地物分类、目标识别和异常探测的前提和重要技术基础,降维后的低维光谱向量对提高地物分类、目标识别和异常检测的结果具有重大作用。高光谱影像降维是关系高光谱影像实际应用的非常关键的步骤。另一方面,高光谱影像波段众多且波段间相关性强导致数据存在严重冗余,这也对传统的遥感影像处理理论提出挑战。降维可以将高光谱影像投影至低维空间同时尽可能保留原始的重要信息,更有利于分析高光谱影像的数据特性。因此,研究高光谱影像的降维对高光谱影像数据处理的理论乃至实际应用都具有重大的科学意义。

高光谱影像降维中,波段选择是根据一定的度量准则来选取最佳的波段组合,如基于熵和联合熵的准则、离散度准则、类间平均可分性准则和波段指数准则等。波段选择虽然能够选择感兴趣的波段组合,然而容易忽略其他波段的重要信息。而且,波段选择得出的最佳波段组合随度量准则的不同差异很大。相比波段选择,线性特征提取方法如主成分分析、线性判别分析和正交子空间投影等能够更好地保留原始高光谱影像的重要信息,比波段选择方法应用更加广泛。然而,这些方法潜在的线性假设模型与高光谱影像的非线性特征产生矛盾,使得线性降维方法并不严格适用于高光谱影像数据。基于核的非线性降维方法,利用 Mercer 核及其对应的再生核希尔伯特空间,通过定义 Mercer 核隐式地定义特征空间来实现降维。然而,核方法的难点之一在于如何选择一个合适的核函数以保证高光谱数据在特征空间上线性或近似线性可分。而且,在实际中,由于缺乏先验知识,依赖经验选择的核函数使得它缺乏物理直观意义而无法解释。

近年来,随着神经生理学的发展,人们开始从感知流形的角度,通过人的视觉生理来研究非线性降维问题。2000 年,Seung 在 *Science* 发表文章,提出人的感知以连续的流形方式存在,并发现整个神经细胞群的触发率可以由少数的变量构成的低维结构来描述并控制(Seung, 2000)。图 1 - 3 说明了

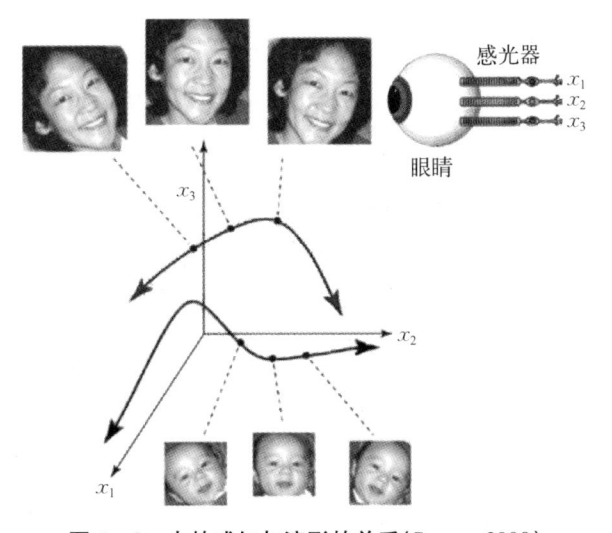

图 1 - 3　人的感知与流形的关系(Seung, 2000)

人的感知与流形的关系,即人脸图像实际上由光线强度、人离相机的距离及人的头部姿势等少数几个因素所决定。如果将每张照片看作是一个模式,则这种模式的变化实际上就是对应于一个光滑流形上不同的点。基于人的感知流形和微分几何的发展,学者们提出流形学习方法来研究高维数据的非线性降维问题。

流形学习立足于严密的神经生理学理论和微分几何数学理论,不仅能够展现高维数据中的非线性结构,而且得到的嵌入空间是对原高维空间的高效率降维。流形学习假设高维观测空间中的点由少数独立变量的共同作用在观测空间张成一个流形,如果能够有效地展开空间卷曲的流形或者发现其内在的主要变量,就可以通过流形学习对该数据集进行降维(Tenenbaum 等,2000)。流形学习严格保证高维空间中各向量间的关系,并将这种关系重新投影到低维空间中。这一过程既保证了维度空间的压缩效率,又保留了原有高维数据集的空间分布特征。高光谱影像作为典型的高维空间数据,由于双向反射分布函数效应、多重散射及像素成分的异质性等原因具有明显的非线性特性。将流形学习引入高光谱影像中,可以充分发挥出流形学习的优势,更好挖掘高光谱影像数据的非线性结构特征,从而更有利于解决高光谱影像的降维问题。

因此,本书从高光谱数据的非线性本质出发,引入流形学习理论,结合高光谱影像的特性如"图谱合一"特性和海量数据特性,挖掘高光谱影像内部的非线性流形特征,研究高光谱影像的流形学习的降维结果对应的光谱意义解释,构建适合高光谱影像数据特性的非线性流形学习降维理论和方法体系,从而在理论上提升现有的高光谱影像的非线性降维方法,并在实践上指导后续的高光谱影像分类、目标识别和异常探测等应用。

此外,本书的研究得到国家重点基础研究发展计划("973 计划")(项目编号:2013CB733204)、上海市教育委员会科研创新项目(项目编号:10ZZ25)和现代工程测量国家测绘地理信息局重点实验室开放基金(项目编号：TJES1010)等科研项目的支持。

1.2 高光谱影像降维

高光谱影像数据具有波段众多且波段相关性强、数据量大且冗余度高等特点，这在一定程度上影响高光谱影像的分类、目标识别和异常检测等应用效果。降维能够降低原始高光谱影像的维数，减少各波段间的相关性，同时尽可能保留高光谱影像内部的重要信息。因此，本节从高光谱影像的数据表达方式出发，剖析高光谱数据的高维特性，从理论上总结高光谱影像降维的必要性和可行性，为高光谱影像降维研究提供理论支撑。

1.2.1 高光谱影像的数据表达

高光谱影像作为一个光谱图像的数据立方体，能够实现光谱信息与图像信息合为一体，具有"图谱合一"的特性。高光谱影像数据可以采用三种表达空间来描述，分别为图像空间、光谱空间和特征空间（Tong 等，2006），如图 1-4 所示。

（1）图像空间表达。如图 1-4(a)所示，图像空间是最直观的高光谱数据表达方式，其最重要的用途是将图像中每一个像素与其地面位置对应起来，显示光谱响应与地理位置的关系，为高光谱影像处理与分析提供空间知识。然而单波段图像表达仅相当于特定光谱反射的地物分布照片，无法体现波段之间的相互关系，因此，图像空间表达只能反映高光谱影像的少量信息。

（2）光谱空间表达。光谱空间表达是利用目标的光谱响应与波长之间的变化关系来描述高光谱数据内蕴含的信息，如图 1-4(b)所示。在光谱空间中，每一个像素的灰度值在不同波段间的变化反映其所代表的目标地物的辐射光谱信息，其数值是相应成像波长上传感器对目标光谱辐射的响

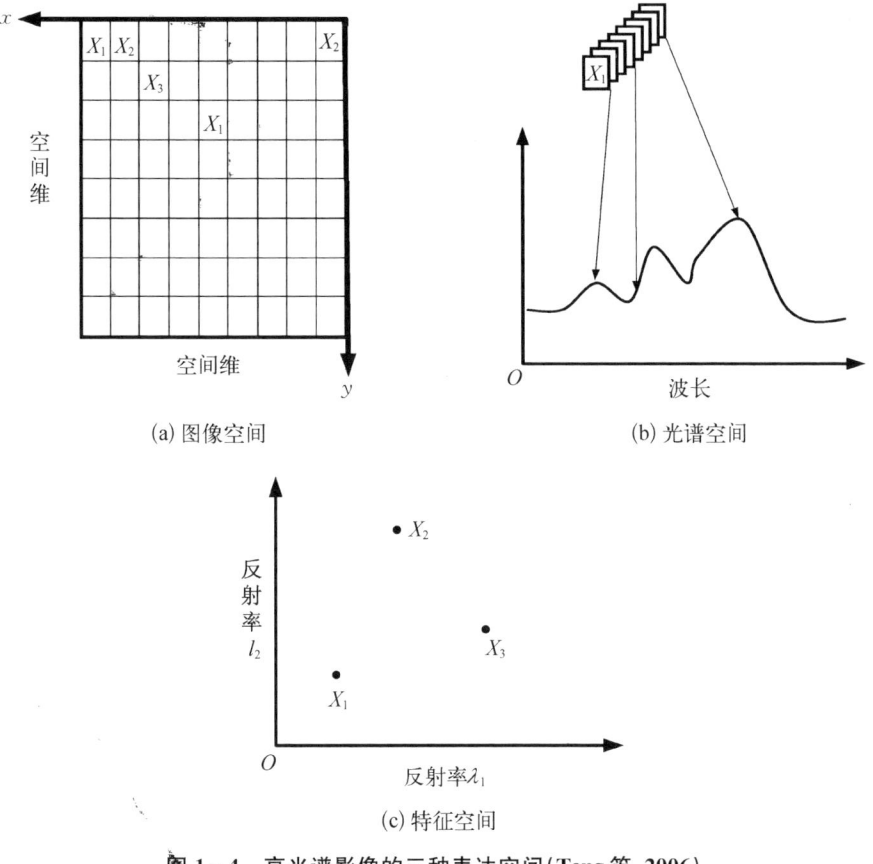

(a) 图像空间   (b) 光谱空间

(c) 特征空间

图 1 - 4 高光谱影像的三种表达空间 (Tong 等, 2006)

应值。光谱空间也反映高光谱影像中相同空间位置的像素在不同波段间的光谱相似性。

（3）特征空间表达。图 1 - 4(c)中，X_1，X_2 和 X_3 为高光谱遥感影像中的三个像素点，其分别对应着多个成像波段的反射值。这些反射值可以描述为多维数据空间的一个高维向量，即把近似连续的光谱曲线转换为多维数据空间中的一个高维向量。将连续的光谱曲线表达为高维光谱向量，不仅能够表达高光谱影像的内在特征，而且更利于采用数学模型来分析影像。高维特征空间中，高光谱像素呈现稀疏性且分布不均匀，趋向于集中在超维立方体的边缘。因此，从特征空间表达出发，更容易分析高光谱影像的空间特性及光谱辐射特性。

1.2.2 高光谱影像的高维特性

与低维多光谱影像数据相比,高光谱影像最大的特性是维数高和数据量大。将高维空间视为一个超维立方体或超球体,高光谱影像在高维空间中呈现的结构特征和分布特性与低维数据相比有众多不同的特殊性。深入分析这些结构特征及高光谱数据在高维空间的特性,对降维研究有着十分重要的理论指导意义。

(1) 高维空间中几何体的体积分布不均衡,高光谱数据主要分布在几何体的表面,空间内部几乎是空的。在 d 维的高维空间中,边长为 $2r$ 的高维超立方体的体积和其半径为 r 的内接超维球体的体积公式如下(Hsieh 和 Landgrebe,1998):

$$V_c(r) = (2r)^d \qquad (1-1)$$

$$V_s(r) = \frac{2r^d}{d} \cdot \frac{\pi^{d/2}}{\Gamma(d/2)} \qquad (1-2)$$

二者体积之比为

$$f_d = \frac{V_s(r)}{V_c(r)} = \frac{\pi^{d/2}}{d2^{d-1}\Gamma(d/2)} \qquad (1-3)$$

由式(1-3)可以得出 $\lim\limits_{d \to \infty} f_d = 0$,这说明随着空间维数 d 的增加,超维立方体的体积向角部分布,高维空间几乎是空的。

(2) 高维空间中,正态分布的数据有聚集到尾部的趋势,均匀分布的数据有聚集到角落的趋势(Jimenez 和 Landgrebe,1994)。低维空间中,相同类别的样本点主要集中在"中部",即以类别均值为中心,呈近似椭圆分布的范围内,可假定其近似服从正态分布。通过获取一定数据的样本点对类别分布参数进行估值,得出类别分布函数,并根据一定的准则进行分类。

而在高维空间中,原来在低维空间中正态分布的数据将主要分布在空间边缘,而不是像低维空间中分布在中部。因此,在高维空间中高光谱数据的分布情况很难描述,准确估计其概率分布更加困难。

(3)高光谱数据线性投影到低维空间后,有趋向于正态分布的趋势。学者 Hall 研究发现(Hall 和 Li,1993),高维数据线性投影到低维空间后,数据趋于正态分布;数据的维数越高,投影到低维空间的数据越逼近正态分布,当数据维数无穷大时,投影后数据以概率 1 服从正态分布。

(4)高维空间中,高光谱数据的各类别间的线性可分概率较低。假设在 d 维的高维空间中有 N 个样本点,这些样本点线性可分的概率为(Vapnik,2000)

$$p(N,d)=\begin{cases} 1 & N\leqslant d \\ 2^{1-N}\sum_{i=0}^{d}C_{N-1}^{i} & N>d \end{cases} \quad (1-4)$$

由式(1-4)可以看出,假设在原始的高维空间中高光谱数据不可分,而降低高光谱数据至低维空间,数据线性可分的概率将大大提高。而且,高光谱数据投影到较低维空间中不会丢失重要信息,并且在低维特征空间中有一种正态化或者多个正态组合的趋势,这更利于区分高光谱数据。

1.2.3　高光谱影像降维的理论必要性和可行性

高光谱影像特有的数据表达方式和其在高维空间的高维特性,使得高光谱影像降维具有极大的必要性和可行性。因此,本小节基于前两小节的理论,深入剖析高光谱影像降维的必要性和可行性,为后续高光谱影像降维研究提供支撑。

根据数据表达方式及高维特性,高光谱影像降维的理论必要性表现在以下四个方面(杨哲海,2006):

（1）估计高光谱影像数据在高维特征空间中的分布非常困难。高光谱数据由于波段众多，在特征空间中有着很高的维数。高维空间中，样本点有着许多与低维空间不同的几何特性和统计特性，尤其是原来在低维空间中正态分布的数据将主要分布在空间边缘，而不是像低维空间中分布在中部（Jimenez 和 Landgrebe，1998）。根据正态分布的特性，高光谱数据的样本点主要分布在一个球体或椭球体内，而球体或椭球体的体积又主要分布在外壳部分，这使得在高维空间中估计高光谱影像数据的密度函数十分困难。尤其是对于非参数密度估计方法，由于主要依靠局部样本点的数量，而高维空间中一个样本点的微小邻域几乎总是空的，这使得非参数估计无法进行。因此，高维空间中很难通过参数方法来估计高光谱数据的密度分布，这将严重影响高光谱影像的实际应用效果。

（2）"Huges"现象使得高光谱数据的分类应用存在样本数量问题。在分类应用中，获取足够数量的训练样本，保证样本数量相对于特征空间的维数有着相对高的比率，是获取理想分类的一个基本要求。作为类别统计信息的向量均值和方差，通常是根据训练样本来进行估算的。而参数估算的精度与训练样本和特征空间的维数关系密切。随着特征空间维数的增加，每一类样本的最小数也必须增加，以保持参数估计的准确性。对于高光谱数据，由于维数的大幅度增加，导致用于参数估计所需的训练样本数目也急剧增加。同时，由于高光谱数据所携带信息极大丰富，使得训练样本的选取难度较大且代价昂贵，特别是对一些小目标的重要地物，样本数量的矛盾会更加突出。如果训练样本的数目满足不了特征空间维数增加的要求，估计得到的参数精度就难以保证，比如某些重要的地物覆盖信息，由于参数的估计值不够精确，导致分类的结果与理想情况相差很大。最终导致的结果是，在样本点数目一定的前提下，随着高光谱影像数据的维数的增加，影像的分类精度出现"先增后降"的现象，即所谓的"Hughes"现象（Hughes，1968），如图 1-5 所示。样本数目、特征维数和分类精度三者之间存在着复杂的关系。因此,在无法增加每一个地物训练样本的情况下,降低高光谱影像的维数,能够解决"Hughes"现象带来的分类问题,更有利于高光谱影像的分类应用。

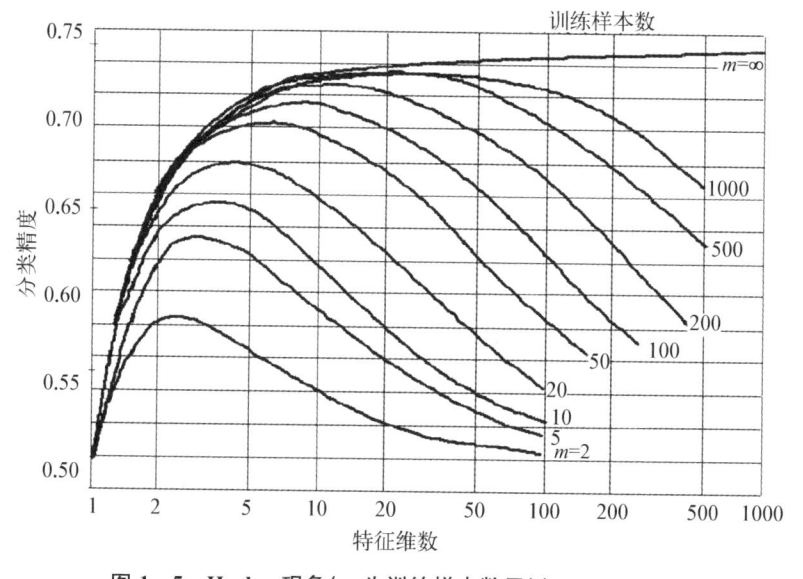

图 1-5　Hughes 现象(m 为训练样本数目)(Hughes, 1968)

（3）波段间的强相关性引起的数据冗余影响高光谱影像的应用。高光谱影像中,每个波段图像的像素值体现该像素所对应的地物在不同波段上的光谱辐射。由于影像的光谱分辨率较高,成像光谱仪在相邻波段间的光谱相应范围存在部分重叠,即同一像素在相邻波段上的光谱辐射值相近。这种相邻波段间的相似性很大程度上取决于成像光谱仪的光谱分辨率。光谱分辨率越高,波段间隔越小,波段间相关性越大。另一方面,高光谱影像中,各地物对特定的波段具有独特的诊断特征。因此,有限数量的波段内的光谱特征就可以区分各地物。而波段相关性强导致用以区分各地物光谱特征在波段区间上产生冗余,因此,需要剔除这些冗余的波段,降低区分影像中各地物的工作难度并提高区分的有效性。

（4）数据量急剧增大导致高光谱影像处理的计算量增加。相比多光谱影像,高光谱影像的突出特点是波段数众多。研究发现,高光谱影像分类的计算量随波段数呈指数增加。因此,当分类的波段数为几十至几百时,高光谱数据的分类计算量将会产生很大的问题。因此,在这种情况下,高光谱影像降维显得非常必要,能够在降低维数的情况下保留更多信息来保证影像的分类精度。

另一方面,对高光谱影像进行降维肯定会造成个别信息的损失,因此如何保证高光谱影像降维能够保留足够重要的信息,这牵涉高光谱影像降维的可行性问题。高光谱影像的表达方式和高维特性同样为高光谱影像降维的可行性提供了理论保证,具体如下:

(1) 各地物的独特诊断特性使得降维可以丢弃一些不必要信息(杨哲海,2006)。高光谱影像通过几十至几百个波段来获取地表上各地物的反射或光谱辐射信息,能够区分各地物之间的细微差异。大量的实验表明,每类地物都在特定的若干波段存在明显的光谱反射或吸收能力变化,而在其他波段中光谱特性没有明显变化,即各地物都有独特的诊断光谱特征。比如,健康的绿色植物的光谱曲线具有特有的诊断光谱特征:由于叶子和内部液态水的强烈吸收的影响,在 1 400 nm、1 900 nm 和 2 700 nm 附近具有明显的"低谷"现象,而在 1 600 nm 和 2 200 nm 处,出现两个明显的反射"波峰"。这种情况下,若利用所有波段的数据进行分析处理,势必会增加计算负担,而且还可能损害处理结果原有的精度。理想的情况应是详细记录对地物识别起着决定性作用的诊断特征,适当减少其他波段并不会造成地物诊断信息的丢失。因此可以通过高光谱影像降维,降低影像分析的复杂度并保留各地物的特有的诊断性特征,最终区分影像内部各地物类别。

(2) 高光谱数据在高维特征空间中分布使得降维后各地物类别的区分能力能够增强。根据高维空间结构特性,随着空间维数 d 的增加,高维空间中超维立方体的体积迅速增加,导致高光谱数据样本集在高维空间中的分布非常稀疏,主要分布在立方体的表壳。这使得高光谱数据样本在高维空间中不易重叠。同时,同一地物类别的样本在高维空间中分布较为接近,可认为位于相同的一个低维子空间中。此外,高光谱数据的高维特性告诉我们,高光谱数据投影到低维空间中不会丢失重要信息,并且在低维特征空间中有一种正态化或者多个正态组合的趋势,这更利于区分高光谱数据内部的各地物。因此,通过降维可以降低高光谱影像的维数,保留并增强原始高维空间中各地物类别的区分能力。

1.3　国内外研究现状分析

高光谱影像数据的表达方式及高维特性使得高光谱影像降维非常必要而且理论可行。高光谱影像降维可分为波段选择和特征提取两种方式。特征提取按照数学模型的不同,可分为线性特征提取和非线性特征提取。引入流形学习理论来研究高光谱影像的降维问题,需要全面分析高光谱影像降维的当前研究现状和流形学习在高光谱领域的应用现状。

1.3.1　高光谱影像的波段选择

波段选择即按照一定的准则从高光谱影像的原始特征空间中选出一个波段子集于高光谱数据处理与分析。波段选择的数学模型如下:在给定需要的特征维数 d 时,直接从 D 个原始特征中选出 d 个特征集 $\{x_1, x_2, \cdots, x_d\}$,使地物识别性能判据 J 的取值满足

$$J(x_1, x_2, \cdots, x_d) = \max\{J(x_{i1}, x_{i2}, \cdots, x_{id})\} \qquad (1-5)$$

其中,$x_{i1}, x_{i2}, \cdots, x_{id}$ 是 D 个原始特征中的任意 d 个特征。

波段选择方法,按照依据的原则不同,可以分为两大类:

1. 基于最大信息量准则的波段选择

基于最大信息量准则的波段选择,就是选择单波段图像所代表的信息量大且各波段间相关性小的波段子集,包括基于熵准则的方法、基于波段相关性准则的方法、基于滤波准则方法和基于聚类准则的方法等。基于熵准则的方法,如 Arzuaqa 等根据相对熵准则进行波段子集选择(Arzuaga 等,2003);Groves 和 Bajcsy 以信息熵作为对波段选择的评价原则,保留熵值大的波段来分类高光谱数据(Groves 和 Bajcsy,2003;Bajcsy 和 Groves,2004)。基于波段相关性准则的方法,如 Chang 等结合波段优先排序和波段去相关来选取最佳波段用来研究高光谱影像目标识别和分类(Chang 等,1999);Guo 等采用互信息计算每个波段和参考影像的相关性,根据相关性进行波段选择后研究高光谱影像分类(Guo 等,2006);苏红军等提出最优波段指数法利用图像的分形维数来划分子空间并选取最优波段组合(苏红军等,2008)。基于滤波准则的方法,如 Chang 提出基于约束能量最小化的约束波段选择方法(Chang 和 Wang,2006);卓莉等采用支持向量机(Support Vector Machine,SVM)为分类器和遗传算法(Genatic Algorithm,GA)为特征的搜索算法,构建了封装型的特征选择算法 GA - SVM(卓莉等,2008)。基于聚类准则的方法,如 Kumar 提出两种最优基波段选择方法,一种是自下而上的波段合并方法,通过最大化两个类别的可分性将相邻的波段进行合并,通过合并波段的均值来表示低维特征;第二种是自上而下的方式,开始只有一个波段组,依次迭代通过聚类来划分波段组为两组、四组乃至更多组,直至达到需要的波段数量(Kumar 等,2001);Martinez 使用互信息来描述波段图像之间的相似度并用层次聚类方法进行波段选择(Martínez 等,2007);Mojaradi 等应用 k -均值聚类方法根据波段组合信息量不同来选择波段子集(Mojaradi 等,2008)。此外,还有基于信息量的其他波段选择方法,如自适应波段选择方法(刘春红,2005)和基于禁忌搜索的波段选择方法(朱艳等,2007)等。

2. 基于类间可分性准则的波段选择

基于类间可分性准则的波段选择目的驱动的波段选取方法,得到的波段子集能够最大程度区分各地物,具体包括基于各种距离度量准则的方法、基于特征变换准则的方法和基于实际应用准则的方法。基于距离度量准则的方法,主要利用信息散度(Information Divergence,ID)、变换散度(Transformed Divergence)和马氏(Mahalanobis)距离等准则,通过最大程度区分类间差异性来选取波段组合(Mausel 等,1990)。基于特征变换的方法,主要利用"特征转换"的思想将高光谱数据转换至另一低维特征空间,通过分析低维特征空间中各类别的区分度来选取对应的原始特征空间中的波段组合。如张连蓬等提出一种非线性投影寻踪指标,构造了投影寻踪迭代算法,并通过实验表明该方法所选出的三个特征波段基本上相当于三个主成分方向所包含的信息量,能够更好区分各地物(张连蓬等,2004);Du 等基于线性预测(Linear Prediction,LP)的相似性提出了非监督波段选择算法(Du 和 Yang,2008);苏红军等提出了基于正交投影散度(Orthogonal Subspace Divergence,OSD)的波段选择算法(苏红军等,2011)。基于实际应用准则的方法,如 Du 考虑波段选择对目标检测和分类的重要作用,提出了高阶统计量的波段选择方法(Du,2003);Diani 等针对高光谱图像目标检测,采用固定虚警率并最大化检测率的方法来选择最佳波段组合(Diani 等,2008)。此外,基于类间可分性准则的方法还有基于一阶二阶光谱导数的方法(Price,1994)、基于空间自相关的方法(Warner 等,1999)、基于参数化特征加权的方法(Huang 和 He,2005)、基于端元提取的方法(王立国等,2007)和基于非负稀疏分解的方法(施蓓琦等,2013)等。

波段选择依据最大化信息量或类间可分性准则,选取高光谱影像内部的最佳波段组合,来消除"维数灾难"所带来的负面影响,而且选取的波段组合能够保留原始数据的物理意义。但是,波段选择在选取最佳波段子集的同时,一些包含其他重要信息的波段也同时被移除,这一定程度上将导致高光谱影像内部重要信息的丢失,进而影响高光谱影像的分类、目标识别和异常探测等实际应用结果。

1.3.2 高光谱影像的线性特征提取

高光谱影像特征提取是采取一定的映射变换将原始高维的特征空间变换到新的低维特征子空间,并使变换后的特征达到某种意义上的最优。特征提取的数学模型是:通过找到一个映射关于 $f: X \rightarrow Y$,将原始特征空间的 D 个特征 $X = \{x_1, x_2, \cdots, x_D\}$ 映射到维数较低的特征子空间 $Y = \{y_1, y_2, \cdots y_d\}(d < D)$ 中,使得:

$$Y = \arg \max(f(X)) \tag{1-6}$$

高光谱影像的光谱特征可通过代数运算法和导数法提取得到。代数法是通过对原始波段进行加、减、乘、除、乘方、指数等提取目标地物的光谱辐射特性,其中常见的如比值植被指数、归一化植被指数和垂直植被指数等。导数法能够提取某些吸收特征的位置,如吸收峰位置、植被的红边位置,而且还能够消除部分大气辐射传输的影响。此外,高光谱数据常采用线性变换来提取影像内部的光谱特征,如常见的主成分分析(Principal Component Analysis,PCA)和独立成分分析(Independent Component Analysis,ICA)等。

PCA 作为线性特征提取方法,被最早应用于高光谱影像的降维处理中(Lim 等,2001;Farrell 和 Mersereau,2005),并取得了较好的应用效果。PCA 能够获得具有最大信息量且不相关的特征,具有较好的特征提取效果。后来,Jia 等提出分组 PCA 方法,不仅降低了运算时间,而且提高了特征提取效果(Jia 和 Richards,1999)。然而 PCA 受噪声影响较大,当高光谱影像利用 PCA 进行线性变换时,噪声会导致提取的特征受到影响而产生畸变(Cheriyadat 和 Bruce,2003)。在这种情况下,学者引入最小噪声分离变换方法(Minimums Noise Fraction,MNF),采用信噪比作为指标并考虑噪声和局部区域对高光谱影像的影响,来分解高光谱数据并提取线性特征(Chen,2000)。同时,学者也从盲源信号分解的角度来研究高光谱影像的特征提取,提出了许多方法,如基于高阶统计量的 ICA(Chiang 等,2000;Rodarmel 和 Shan,2002;Du 等,2003)和噪声纠正的快速 ICA(Tu,2000)。相比 PCA 方法,ICA 在盲源信号分解方面表现出色,所以用于高光谱影像特征分解时得到的特征向量间具有较强的统计独立性。然而,ICA 的计算效率较低,这对于大场景的高光谱影像数据将会耗费较长的处理时间。

随着监督思想的引入,学者们开始研究监督特征提取方法,如线性判别分析(Linear Discriminant Analysis,LDA)(Baudat 和 Anouar,2000)、Fisher 判别分析(Fisher Discriminant Analysis,FDA)(Ji 等,2004)和典型相关分析(Canonical Correlation Analysis,CCA)(Paskaleva 等,2008)等。监督方法都是从分类的目的出发,依据最大化类间离散度矩阵和类内离散度矩阵之比的准则,通过选择不同的线性变换矩阵来获得低维投影向量。典型的监督方法如投影寻踪方法(Projection Pursuit,PP),它的思想是在某种优化指标的指导下,将高光谱数据线性投影至一维空间,通过寻找最优投影方向并提取高光谱数据的线性特征(Jimenez 和 Landgrebe,1999)。从广义角度来说,现有的线性特征提取方法都可认为是 PP 方法的一种(Jimenez 和 Landgrebe,1998),差别只在于各自投影指数的不同。例如,PCA 感兴趣的投影是要求满足方差的极大化,而 LDA 感兴趣的投影则需要同时满足极大化类间离散度和极小化类内离散度。

线性特征提取方法能够在特定的原则指导下,通过线性特征变换得到高光谱影像的光谱特征。相比波段选择,线性特征提取能够更好地保留高光谱影像中各地物的光谱特性信息,因此在实际中应用更加广泛。然而,线性特征提取方法依赖于各自的线性数学模型,提取到的特征随方法的不同而差异很大。此外,高光谱影像数据由于双向反射分布函数效应、像素成分的异质性及非线性媒介的影响,呈现出明显的非线性特征(Bachmann等,2005)。所以,线性特征提取方法在理论上并不适合高光谱影像数据。

1.3.3　高光谱影像的非线性特征提取

高光谱数据存在本质的非线性特征,所以非线性方法能够更好挖掘其非线性结构,提高后续图像分析的结果。目前,主要存在两类非线性方法,基于核的方法和流形学习方法。基于核的方法主要基于 Mercer 核及其对应的再生核希尔伯特空间(Reproduct Kernel Hilbert Space,RKHS),通过定义 Mercer 核隐式地定义低维特征空间,不需要创建复杂的假设空间(Baudat 和 Anouar,2000)。通过引入核函数,大部分线性特征提取方法都有对应的非线性核方法,如核主成分分析(Kernel Principal Component Analysis,KPCA)、核独立成分分析(Kernel Independent Component Analysis,KICA)和核特征映射(Kernel Eigenmaps,KE)等(Camps-Valls 和 Bruzzone,2009)。基于核的方法继承对应的线性方法的优点,同时通过引入核函数来兼顾高光谱数据的非线性特性,因此在实际应用中比线性方法的效果更好。然而,基于核的方法存在几个问题。首先,如何选择一个合适的核函数是非常困难的。一个好的核函数要保证高光谱数据在特征空间上线性可分或者近似线性可分,它的选择依赖于用户对高光谱数据的完备分析和理解得到的先验知识。然而,在实际中这种先验知识往往是缺失的,通常依赖经验来选择核函数。其次,选择得到的核函数虽然能够对一个特定的高光谱数据有效,能够提取得到较好的非线性特征,然而并不能够保证对其他高光谱数据适用。最后,核函数的选择由于缺乏先验知识,这使得核函数缺乏物理直观意义而无法解释。

不同于基于核的方法,流形学习方法建立在严格的流形数学模型上,不仅能够实现高光谱影像的有效降维,而且得到的低维嵌入结果能够很好地保留高光谱影像的非线性特性。假设高光谱数据是均匀采样于一个高维欧式空间中的低维流形,流形学习就是从高维数据中恢复出高光谱数据内部的低维流形结构,并求出相应的嵌入映射,最终实现维数降低。另一方面,相比线性方法,流形学习的主要特点是分析中的局部性。流形学习假设高光谱数据集具有以下内蕴结构特性(杨诸胜,2006):① 任意可微函数在一个样本点的充分小的邻域内满足线性条件,即高光谱数据的曲面流形是由大小不一的局部线性子块拼接而成;② 高光谱数据的流形由许多可分割的子流形所组成;③ 高光谱数据中流形的本征维数沿着流形不断发生变化,局部分析才能抓住其本质。目前存在许多流形学习方法,如等距映射(Isometric mapping,Isomap)、局部线性嵌入方法(Local Linear Embedding,LLE)、拉普拉斯特征映射(Laplacian Eigenmaps,LE)和局部切空间排列(Local Tangent Space Alignment,LTSA)等。流形学习是从观测到的高维数据中寻找数据产生的规律和本质,它能够挖掘高光谱数据在低维流形中各像素点间的几何关系,并通过非线性投影将这种关系映射到低维空间中得以重构。流形学习方法最早被用来降维高维数据集并用于人脸识别、图像检索和在线文档分类中(Tenenbaum 等,2000)。高光谱影像作为典型的高维数据,利用流形学习来降维高光谱影像完全符合其非线性本质,而且能够通过挖掘其内部的流形特性来更好满足实际的分类、目标识别和异常检测等应用。

1.3.4 流形学习在高光谱影像数据处理中的应用

流形学习作为新兴的非线性降维方法,能够挖掘高光谱影像的低维流形,目前已经在高光谱影像领域得到一些应用,如海洋研究、土地覆盖分类和异常检测等。

最早将流形学习引入高光谱遥感降维领域的是美国海军实验室,主要集中在海洋特性研究。2004 年,美国海军实验室的 Bachmann 提出 Isomap方法来挖掘高光谱影像的内部低维流形特征并用于海洋研究(Bachmann

等,2005)。他将高光谱图像分成多个不重叠的子块,然后对每个子块进行 Isomap 降维,通过拼接每个子块得到统一的全局流形坐标。此后,针对 Isomap 计算量大问题,他提出改进的 Isomap 方法,通过选择部分能够代表整个场景的数据来建立整个数据流形,其他数据的流形坐标通过插值得到,最终用于大型遥感影像场景的流形学习降维(Bachmann 等,2006)。他的同事 Gillis 则利用流形学习来研究海水数据的建模问题(Gillis 等,2005)。研究结果显示,对于特定的水和海底类型,海水的光谱特征位于一维的非线性流形上;海洋数据是由许多一维曲线组合而成,利用流形学习可用来分离各种曲线到同质区域。2009 年,Bachmann 采用改进 Isomap 算法获取流形学习坐标,并将流形坐标作为高光谱影像查阅表来研究反演海洋深度(Bachmann 等,2009)。后来,Gillis 等利用 LE 方法的图谱理论提出谱方法来分割高光谱影像(Gillis 和 Bowles,2012)。

美国普渡大学的 Crawford 课题组主要研究流形学习降维用于土地覆盖分类问题。Chen 利用 Isomap 方法提出基于最短路径的 k-近邻分类器来研究土地覆盖分类,并与最优基础二元分层分类器、分层支持向量机和传统的 k-近邻分类器相比,发现改进的方法具有更高的分类精度和泛化能力(Chen 等,2005)。后来,Chen 又采用最小扩展树(Minimum Spanning Tree, MST)来选取集中在聚类边界的标志点,提出改进标志点的 Isomap 方法来降维高光谱影像以获得更高精度的土地覆盖分类结果(Chen 等,2006a)。不同于 Chen 的研究,Kim 提出整合空间和图像样本的光谱信息的框架,通过分层空间-光谱分割方法来研究构建流形结构,解决多分辨率的流形学习问题,并用于高光谱影像分类应用(Kim 等,2007)。Kim 还研究在半监督框架下,采用流形学习来约束高光谱数据的整体几何结构的方法(Kim 等,2008;Kim 和 Crawford,2009)。Ma 提出广义局部切空间排列方法和监督局部流形学习方法的加权 k-近邻分类器来研究高光谱影像数据分类,实验结果证明该方法具有很好的分类效果能够更好发现高光谱数据的非线性特性(Ma 等,2010a;Ma 等,2010e)。同时,她还利用 LLE 和 LTSA 来研究高光谱影像异常探测问题,并证明提出的方法能够更好用于异常探测(Ma 等,2010)。Crawford 通过分解框架提出多分类器系统来研究流形学习的优势并提高泛化性能,并采用带标志点的 Isomap 方法与 KNN 分类器来取得更好分类结果(Crawford 和 Kim,2009)。后来,她又通过实验分析比较多种降维方法在高光谱影像分类中的性能,结果证明流形学习方法比线性方法和全波段数据效果更好(Crawford 等,2011)。

此外,国外其他大学的学者们也致力于流形学习用于高光谱影像分析的研究。澳大利亚悉尼大学的 Wang 等利用 Isomap 与图形概率模型结合起来建立混合高斯模型,进行高光谱图像的分类研究(Wang 等,2006)。宾夕法尼亚大学的 Kim 利用 LLE 降维得到的三个特征波段来检测高光谱影像中的异常信息(Kim 和 Finkel,2003)。不同于 Kim 的研究,维多利亚大学的 Han 则采用 LLE 算法进行高光谱非线性特征提取,用于高光谱影像的端元提取(Han 和 Goodenough,2005)。在此基础上,加拿大空间研究中心的 Qian 等结合 LLE 和 LE 两种流形学习方法来进行高光谱图像端元检测(Qian 和 Chen,2007)。针对高光谱图像分类,Mohan 等引入空间一致性的概念,提出利用高光谱影像的空间特征来改进 LLE 方法(Mohan 等,2007)。为解决 LLE 计算量问题,Chen 等提出在局部窗口内选择近邻点的方法来提高 LLE 的计算效率并用于高光谱影像的端元检测(Chen 和 Qian,2007)。

在国内,学者们对于流形学习用于高光谱遥感影像分析也进行了一些探索。解放军信息工程大学的 Dong 等引入 Isomap 方法来降维高光谱影像并分析了高光谱数据的本征维度(Dong 等,2007)。西北工业大学的 Luo 等提出收缩分离近邻-局部线性嵌入算法(SDP‐LLE)来解决高维空间中明科夫斯基矩阵的稳定性问题,并通过实验证明能够得到更高的分类精度(Luo 等,2008)。东南大学的 He 等研究在结构密切图上模拟马尔科夫随机行走形成扩散算子,通过扩散几何坐标来精确表达高光谱数据,结果证明比传统线性方法能够挖掘更重要的结构信息(He 等,2009)。武汉大学 Zhou 等基于 LTSA 方法提出光谱边缘概念,并通过实验证明其能够很好描述高光谱影像的边缘轮廓(Zhou 等,2009)。南京大学杜培军等把光谱角和光谱信息散度度量与测地距离相结合来改进 Isomap 方法以更好提取高光谱影像的流形特征(杜培军等,2011)。湖北信息中心的 Huang 等在 LE 方法中融入多元线性回归分析的线性过程,由此在原始特征空间保存局部几何特征,并能在低维空间中获得更高的分类精度(Huang 等,2011)。Isomap 在构建最短路径过程中,其边界点往往被忽略而没有低维流形坐标,因此同济大学孙伟伟等引入偏最小二乘方法来模拟修复高光谱影像 Isomap 降维中遗失点的坐标(孙伟伟等,2012)。武汉大学石茜等提出在一个局域邻域内利用线性局部切空间排列来建模类内样本的流形结构,该方法还采用类间判别信息来最大化判别边界(石茜等,2012)。武汉大学杜博等提出了判别流形学习方法来降维高光谱影像,提高数据自动分类的总体精度(杜博等,2013)。

1.3.5 当前研究存在的问题

流形学习方法在高光谱影像数据的处理方面已经有了一些研究成果,然而由于高光谱数据自身的特性及流形学习降维的复杂性,当前研究仍存在一些问题,主要表现在以下三方面:

1. 当前研究尚缺乏对低维流形坐标的光谱意义的合理解释

作为典型的非线性高维数据,引入非线性流形学习方法来进行降维处理非常契合高光谱数据的本质。流形学习降维能够降低原始的波段数,消除原始影像存在的"Hughes"现象,而且能够得到理想的低维流形坐标。当前的研究中,学者们通过引入或改进流形学习算法来完成高光谱影像降维的数学计算,并利用低维的流形嵌入坐标来实现高精度分类、目标识别或异常检测等应用。流形学习降维能够保留高光谱影像数据中的各地物的光谱特征,然而得到的低维流形坐标具体如何与原始影像中光谱特征一一对应这个问题却始终没有解决,即每一维的流形坐标缺乏对应的光谱意义解释。这导致流形学习用于高光谱影像的非线性降维缺乏坚实的理论基础。因此,如何解释降维后每一维流形坐标所代表的光谱意义是高光谱影像流形学习降维研究首先需要解决的理论问题。

2. 当前研究还没有考虑不同流形方法所保留的地物光谱特征差异

高光谱影像数据的流形学习降维能够保留影像场景中各地物的光谱特征,并通过低维流形坐标来继承。而且,每一维的流形坐标都对应原始高光谱影像中的一些光谱特征。根据高维数据集的几何结构尺度保持不同,流形学习可分为全局法和局部法。全局法能够保持高光谱影像数据的整体几何结构特征。局部法能够保持像素点邻域内的局部几何结构。虽然全局法和局部法都能通过降维来保留影像内部各地物的光谱特征信息,然而这两类方法的理论差异导致其继承地物光谱特征的能力不同。当前研究仅侧重于单一流形学习来挖掘高光谱影像的低维特征,没有从高光谱影像低维流形的本质出发来考虑这两类流形方法所保留的地物光谱特征信息之间的差异。对比两类方法的低维流形坐标可以量化其背后所代表的地物光谱特征的差异,并用于挖掘高光谱影像内部的潜在特征。因此,研究不同流形学习方法所保留的地物光谱特征差异将对深化高光谱影像流形学习降维的理论有重要意义。

3. 当前研究没有考虑如何有效紧密结合高光谱影像的数据特性

高光谱影像流形学习降维被引入来解决波段相关性强和数据冗余度高等问题,并且取得了一定的应用成果。然而,高光谱影像数据区别于常规的高维数据集,具有"图谱合一"的特点,即影像中像素点同时具有空间特征和光谱特性。当前研究将像素点认为是高维光谱空间中的一个样本点,利用其光谱空间特征来研究高光谱数据降维,并未考虑到高光谱影像中各地物的空间分布特征及各地物对应的光谱特征随空间位置所产生的变化。另一方面,当前研究往往忽略或回避高光谱影像流形学习降维的计算问题。相比其他降维方法,流形学习方法的计算复杂度较高,所需的计算量较大。再加上高光谱数据的维数很高且影像中像素点个数较多,这导致流形学习降维处理所需的计算时间非常长。比如在 CPU 为 4 核 2×2.26 GHZ、内存为 16G 的苹果计算机上,利用 Isomap 来降维 300×300 像素的 AVIRIS 高光谱数据至 10 维所需的时间将超过 3 小时。因此,如何结合高光谱影像的特征并提高流形学习降维的计算效率将密切关系到流形学习降维的实际应用,是一个亟须解决的问题。

1.4 研究目标与研究内容

1.4.1 研究目标

在全面分析高光谱数据表达方式及高维特性的基础上,本书阐述了高光谱影像降维的必要性和可行性。接下来,通过对高光谱影像的降维研究现状进行归纳总结,聚焦研究在高光谱影像的流形学习降维。进一步通过全面分析流形学习用于高光谱影像分析的研究现状,总结本书的研究总体目标如下:

(1)高光谱数据的流形学习降维能够挖掘数据内部的低维流形特征,因此研究如何合理解释高光谱影像的每一维流形坐标与影像场景中各地物的光谱特征的对应关系。

(2)全局法和局部法的理论差异导致其继承高光谱影像中各地物的光谱特征存在差异。因此,研究通过对比这两类流形学习方法的差异来量化反映它们所继承的高光谱影像中地物的光谱特征的不同。

(3)相比常规的高维数据集,高光谱影像数据具有典型的海量数据特征和"图谱合一"特性。因此,研究紧密结合高光谱数据的自身特性来改善现有的流形学习方法以更好满足高光谱影像的实际应用。

1.4.2 研究内容

针对以上研究目标,确定本书的三部分研究内容,具体如下:

1. 高光谱影像的低维流形坐标的光谱意义解释

流形学习降维后,低维流形坐标被认为能够保留原始光谱影像中地物的光谱特征。因此,需要研究低维流形坐标的光谱意义解释,建立高光谱影像的低维流形坐标与地物的光谱特征的一一对应关系,从理论上支持高光谱影像的流形学习降维能够挖掘数据内部的低维流形本质这一结论。

2. 不同流形坐标所代表的高光谱影像中地物光谱特征差异分析

不同的流形学习方法都能够通过降维来尽量保留影像内部各地物的光谱特征信息,然而不同方法依赖的理论不同会导致其继承地物光谱特征的能力不同。因此,在确定两种流形坐标代表相同的光谱意义解释的基础上,研究两种不同流形坐标的差异能够凸显其背后所继承的地物光谱特征的差异,进而可以用于提取高光谱影像内部的潜在特征。

3. 结合高光谱影像特性的流形学习降维的改进模型

高光谱影像具有"图谱合一"的特性,明显区别于常规的高维数据集或其他影像数据。因此,研究在流形学习中考虑高光谱数据的空间和光谱特性来提高降维后的低维嵌入结果。同时,高维数据集的高维特性表明高光谱数据的像素点在高维空间中不是均匀分布在空间中,而是主要分布在空间边缘。因此,需要结合高光谱数据的高维空间分布特性来改进现有的流形学习方法。此外,由于高光谱数据的维数很高而且包含像素点个数很多,这导致高光谱影像数据处理的计算量很大。在加上流形学习非线性方法本身的计算复杂度较高,因此研究速度提升策略来提高高光谱影像流形学习降维的计算效率,最终提升流形学习降维的实际应用效果。

1.5 研究方法与总体技术路线

本书依据以上三个研究内容来开展流形学习用于高光谱影像的降维研究,目的在于构建适合高光谱影像的流形学习降维理论与方法体系并指导实际应用。研究采用观察对比、模拟分析和归纳总结等方法来保证研究过程的科学性和有序性。本书研究的总体技术路线如图1-6所示。针对每一项研究内容,采用的研究方法和总体技术路线如下:

1. 高光谱影像的低维流形坐标的光谱意义解释

研究发现,Isomap能够发现人脸图像中相同的低维流形结构并具有相同的物理意义解释。根据先验知识,人脸图像由光照强度、人脸姿态、相机距离及人脸表情等几个潜在变量进行流形特征表达。然而由于高光谱影像采集过程的复杂性及地物光谱特征的多样性,有关高光谱数据产生的潜在变量往往缺乏先验知识。因此,将划分相邻的流形坐标向量为一组并进行空间分布展开,通过在坐标分布中设置矩形窗口、观察对比矩形窗口内流形坐标及光谱曲线的变化趋势,来得到两种流形坐标的各维对应的光谱意义解释。在此基础上,选取目标地物特征与其他地物特征差异较大的流形图,通过图像处理方法来提取低维流形特征,进一步验证低维流形坐标的光谱意义解释的正确性。

2. 不同流形坐标所代表的高光谱影像的地物光谱特征差异分析

本部分采用全局Isomap方法和局部LTSA方法来开展研究。Isomap和LTSA的流形坐标都能够保留原始影像中各地物的光谱特征,然而这两种流形学习方法的理论差异导致各自的低维坐标继承地物的光谱特征的

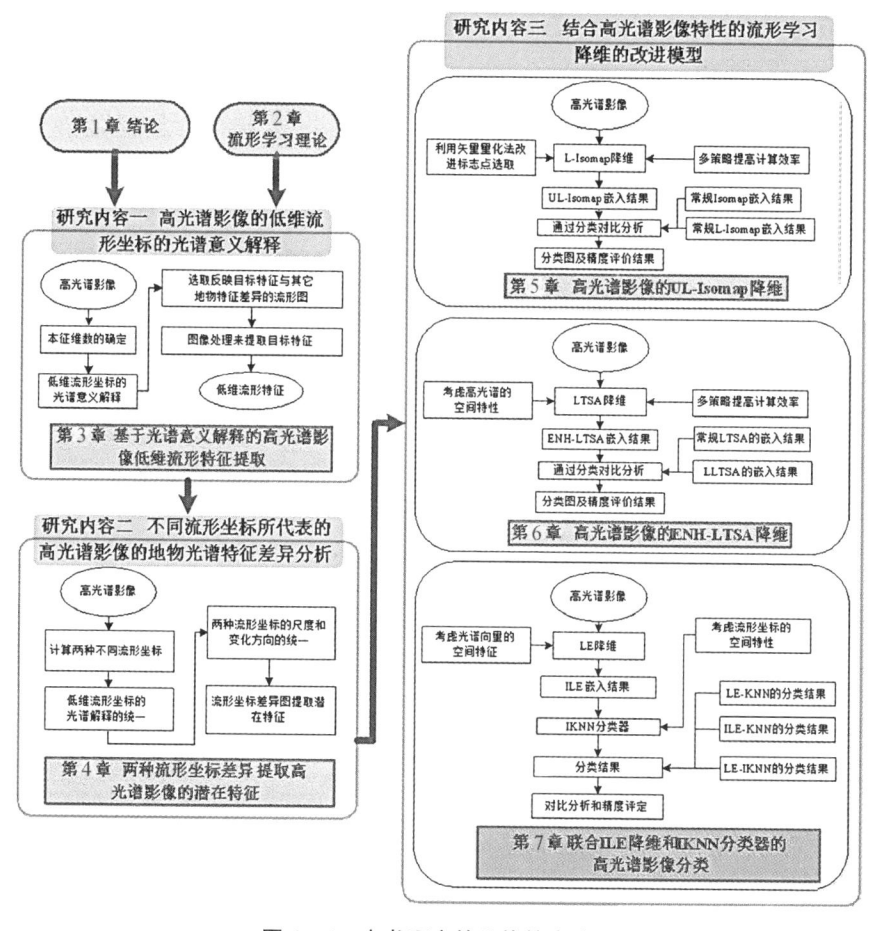

图1-6 本书研究的总体技术路线

能力不同。通过分析两种流形坐标反映的地物光谱特征差异来提取原始高光谱影像中的潜在特征。根据流形坐标的光谱意义解释首先确定Isomap和LTSA坐标的每一维代表相同的光谱特征。由于两种坐标的尺度和变化方向不一致,因此归一化两种流形坐标并调整坐标轴方向,统一两种坐标到相同的框架下。在此基础上,通过流形图相减得到坐标差异图,并采用经典的图像处理方法提取得到潜在地物特征。

3. 结合高光谱影像特性的流形学习降维的改进模型

本部分采用 Isomap、LTSA 和 LE 方法来研究流形学习降维方法的改进。针对 Isomap 方法，采用矢量量化方法来选取典型标志点，改进 Isomap 的降维效果。同时，采用随机映射、快速近似 k-邻域构建和快速奇异值分解来提高改进的 Isomap 方法降维的计算效率。考虑到高光谱影像的空间特性，我们采用自适应加权综合核距离来改进高维空间中 k-邻域选取，改善 LTSA 降维的低维流形坐标。高光谱影像的低维流形图中，各像素都具有空间特征。因此，考虑采用自适应加权综合核距离来同时改进 LE 方法的邻域搜索和 k-邻域分类器中的距离度量，提高 LE 降维和后期分类的结果。通过设计分类实验，综合对比传统的方法，分析各种方法的分类结果和计算效率，全面评定改进方法用于高光谱影像降维的适用性和可靠性。

1.6　本书结构安排

依据前述的研究内容来确定本书的结构安排，本书结构与研究内容的关系如图 1-6 所示。

第 1 章是绪论。首先综述本书研究的背景和意义，然后依据高光谱影像的数据表达方式和高维特性，进一步分析高光谱影像降维的理论必要性和可行性。在此基础上，归纳总结高光谱影像降维以及流形学习在高光谱影像中的应用现状，提出当前研究的不足，并明确本书的研究目标和研究内容。进一步，在研究内容的引导下，确定本书研究的技术路线并给出论文的章节安排。

第 2 章是流形学习理论。首先阐述流形和流形学习的数学概念及二者的联系。在此基础上，详细介绍研究中用到的三种常用流形学习方法包括 Isomap、LTSA 和 LE，并综合对比这三种方法的优点和不足。最后，针对这三种流形学习方法的关键参数，介绍当前的本征维数估计和邻域选择及优化方法。

　　第 3 章是基于光谱意义解释的高光谱影像低维流形特征提取。以 Isomap 方法为例,首先提出通过观察和对比低维流形坐标与对应的光谱曲线特征的方法来解释流形坐标代表的光谱意义。同时,考虑 Isomap 降维中由于最短路径图谱稳定性导致边界点缺失问题,采用偏最小二乘方法来模拟修复边界点的流形坐标,并采用两个高光谱数据集来对比遗失点的模拟流形坐标与实际坐标和遗失点的重构光谱向量与实际光谱向量来验证方法的可靠性。在此基础上,基于流形坐标的光谱意义解释和偏最小二乘方法修复遗失点的坐标,介绍 Isomap 参数配置问题,并提出 Isomap 提取高光谱影像的低维流形特征的流程。最后,基于 PHI 和 AVIRIS 高光谱数据集的两个应用实例,通过提取 PHI 影像中的阴影区域和 AVIRIS 影像中的靠岸浅水区域来验证低维流形坐标的光谱意义解释的正确性。

　　第 4 章是两种流形坐标差异提取高光谱影像的潜在特征。首先,分析两种流形坐标的差异提取高光谱影像的潜在特征的可行性。其次,基于 Isomap 和 LTSA 流形学习方法,详细介绍了流形坐标差异图提取潜在特征所涉及的各个步骤,如两种流形坐标的获取、两种流形坐标的光谱意义解释的统一、两种流形坐标的尺度及变化方向的统一以及流形差异图的图像处理等,并进一步总结出整体的流程方案。最后,采用 HYDICE 和 Hyperion 两个高光谱数据集来设计实验,通过提取靠岸的浅水区域和低分辨率的道路来全面验证流形坐标差异图方法的可行性。

　　第 5 章是高光谱影像的 UL-Isomap 降维。首先介绍了带标志点的等距映射(Landmark Isometric mapping,LIsomap)方法。通过分析常规的随机标志点选取策略的不足,介绍采用矢量量化方法来选取高光谱影像数据的标志点并替代随机标志点。同时,考虑高光谱影像 LIsomap 降维的计算复杂度较高,介绍随机映射、基于递归兰索斯切分的快速近似 k-邻域构建和快速随机低阶近似奇异值分解三种策略来综合提高降维的计算效率。在此基础上,归纳总结出本书提出的 UL-Isomap 降维方法的流程并对比

LIsomap 的计算复杂度。最后，基于 Indian 和 PaviaU 两个高光谱影像数据集来设计五组实验，从分类精度和计算速度两个方面，综合验证分析 UL-Isomap 方法。

第 6 章是高光谱影像的 ENH‑LTSA 降维。首先分析常规基于欧氏距离的 k‑邻域选取策略的不足，提出采用自适应加权综合核距离（Adaptive Weighted Summation Kernel，AWSK）距离来改善 LTSA 降维中的 k‑邻域搜索结果，提高 LTSA 降维的低维嵌入结果。其次，重点介绍了 LTSA 速度提升策略中的全局排列矩阵的快速随机低阶近似奇异值。接下来，归纳总结出 ENH‑LTSA 方法的流程并对比常规 LTSA 的计算复杂度。最后，利用 Indian 和 Urban 两个高光谱影像数据集来设计五组实验，综合验证 ENH‑LTSA 方法的分类性能和计算速度。

第 7 章是联合 ILE 降维和 IKNN 分类器的高光谱影像分类。首先介绍了利用 AWSK 距离改进 LE 降维中的邻域构建及权重系数计算，得到 ILE 降维方法。其次，介绍利用 AWSK 距离来改进常规 KNN 分类器中的邻域搜索，得到 IKNN 的分类器。在此基础上，总结出 ILE 降维和 IKNN 分类器的组合策略。最后，通过 Indian 和 PaviaU 两个高光谱影像数据集的分类结果，对比其他三种组合策略（LE‑IKNN、ILE‑KNN 和 LE‑KNN）来验证 ILE‑IKNN 组合策略的有效性。

第 8 章是结论与展望。在总结本书研究工作的基础上，归纳总结出本书的创新与特色，并进一步展望今后需要研究的方向。

第2章

流形学习理论

2.1 引 言

流形学习起源于一个微分几何学概念"流形",它假设高维数据均匀采样于低维流形上,通过降维原始数据至低维嵌入空间来挖掘内部的潜在流形特征。本书从高光谱影像的非线性特征出发,引入流形学习来研究高光谱影像的降维问题。因此,有必要了解流形和流形学习的数学定义及流形学习方法的具体内容,为后续章节的研究提供铺垫和理论准备。本章中,2.1节分析流形与流形学习的数学定义,明确流形与流形学习的联系及当前流形学习方法的分类。在此基础上,2.2节重点介绍本书用到的三种主要流形学习方法,包括 Isomap、LTSA 和 LE,并比较了三种流形学习方法的优缺点。考虑流形学习方法与高维数据的本征维数 d 及邻域选择密切相关,2.3节介绍当前的本征维数 d 估计和邻域选择及优化方法;最后 2.4 节对本章进行小结。

2.2 流形与流形学习

流形是微分几何学的基础,是线性欧氏空间的非线性推广,其本质上是满足 Hausdorff 公理的拓扑空间。简单地说,流形就是一个拓扑空间,它在局部上是欧氏的,流形正是一块块"欧氏空间"粘起来的结果。流形内的坐标是局部的,任何两个局部坐标系间的坐标变换都是连续的,且每一点的局部都同胚于低维欧氏空间中一个局部。局部坐标可以将流形分解为局部问题进行计算,拓扑空间能保证局部计算结果合理、光滑地拼接起来,揭示流形的整体结构。

流形学习是基于流形理论提出的一种非线性数据降维方法,流形学习主要研究数据的内部结构,通过降维来发掘高维数据的几何结构和相关性,揭示隐藏在数据内部的低维流形分布。流形学习可以有效地降维非线性高维数据集,近年来逐渐受到机器学习和模式识别领域学者的广泛关注,并在高光谱数据分析、人脸识别等领域取得了很好的效果。

2.2.1 流形中的一些数学定义

本书给出与流形相关的一些数学定义(陈省身和陈维桓,2001;白正国等,2004)。

1. 拓扑

一个拓扑空间就是一个集对(X, τ),其中,集合 X 为一个非空集合,拓扑 τ 是 X 的满足以下性质的子集族:

(1) τ 关于属于它的任意多元素的并运算是封闭的;

(2) τ 关于属于它的有限多元素的交运算是封闭的;

(3) τ 含有空集 $\varnothing$ 和 X 本身作为其元素。

2. 同胚

设 X 和 Y 都是拓扑空间，X 和 Y 存在关系映射 f 使得 $f: X \to Y$ 为一一映射，且 f 及其逆映射 $f^{-1}: Y \to X$ 是连续的，则称 f 是一个同胚映射，称为拓扑变换，或简称同胚。

3. Hausdorff 空间

Hausdorff 空间是一种特殊的拓扑空间，其数学定义如下：如果对 X 中任意两个不同点 x，y，都存在 x 的邻域 U 以及 y 的邻域 V，使得 $U \bigcap V = \varnothing$。此时，称 (X, τ) 为 Hausdorff 空间。

4. 流形

流形的定义如下：设 M 是一个 Hausdorff 拓扑空间，若对每一点 $p \in M$，都有 p 的一个开邻域 U，它与 R^d 的某个开子集同胚，则称 M 为 d 维拓扑流形，简称为 d 维流形（Berger 等，1988）。

如图 2-1 所示，采样于 3 维空间的数据点集构成一个卷绕式曲面，该曲面是一个 Hausdorff 拓扑空间，而且满足对曲面上每个点有一个开邻域和 R^2 中的一个开子集同胚，因此该曲面称为一个 2 维流形。

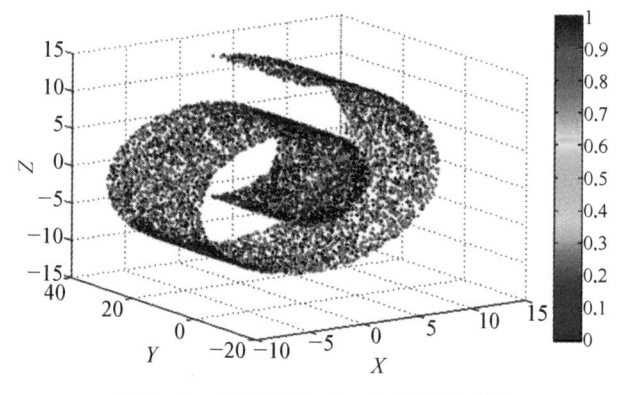

图 2-1 3 维空间中的 2 维流形示意图

5. 微分流形

一个 d 维流形就是一对 (M, Λ)，其中 M 为 d 维流形，$\Lambda = \{(U_a,$

$\varphi_a)\}_{a \in A}$ 为一 C^k 的微分结构,满足以下条件:

(1)(局部欧氏性)$\{U_a: \alpha \in A\}$ 构成 M 的一个开覆盖,$\varphi_a: U_a \to \varphi_a(U_a) \subset R^d$ 为同胚映射;

(2)(C^k 相容性)若 $U_a \bigcap U_\beta \neq \varnothing$,则双射 $\varphi_a \circ \varphi_\beta^{-1}: \varphi_\beta(U_a \bigcap U_\beta) \to \varphi_a(U_a \bigcap U_\beta)$ 和它的逆映射都是 k 次可微的,则称 (U_a, φ_a) 与 (U_β, φ_β) 是相容的;

(3)(最大性)若 U 为 M 中的开集,$\varphi: U \to \varphi(U) \subset R^d$ 与 Λ 中的每个 (U_a, φ_a) 都相容,则 $(U, \varphi) \in \Lambda$。

当 $r = \infty$ 时,称 M 为光滑流形。若 $x \in U$,则称 $(U, \varphi) \in \Lambda$ 为 x 处的一个局部坐标系,U 为坐标邻域,φ 为坐标函数。

6. 光滑映射

设 M 和 N 为两个光滑流形,$g: M \to N$ 是连续映射。设 $x \in M$,若存在 M 在点 x 处的局部坐标系 (U, φ) 及 N 在点 $g(x)$ 处的局部坐标系 (V, ψ),使得 $\psi \circ g \circ \varphi^{-1}: \varphi[(U \bigcap g^{-1}(V)] \to \psi(V)$ 是在点 $\varphi(x)$ 处光滑的映射,则称映射 g 在点 x 处是光滑的。处处光滑的映射称为光滑映射。这种光滑映射的全体记为 $C^\infty(M, N)$。当 $N = R$ 时,记 $C^\infty(M) = C^\infty(M, R)$ 为光滑流形 M 上的光滑函数的全体。

7. 切向量和切空间

光滑流形 M 在点 x 的切向量就是一个映射 $\nu_x: C^\infty(M) \to R$,且对 $\forall g, h \in C^\infty(M), a, b \in R$ 满足:

(1) $\nu_x(ag + bh) = a\nu_x(g) + b\nu_x(h)$;

(2) $\nu_x(gh) = h(x)\nu_x(g) + g(x)\nu_x(h)$。

假设 (U, φ) 为点 x 的一个局部坐标系,则映射

$$\left(\frac{\partial}{\partial x_i}\right)_x: g \to \left(\frac{\partial g}{\partial x_i}\right)_x \equiv \frac{\partial(g \circ \varphi^{-1})}{\partial x_i}\varphi(x), \; g \in C^\infty(M)$$

为点 x 的一个切向量。光滑流形的切向量是曲线的切向量的一种推广。点 x 的切向量的全体记为 $T_x(M)$，它是一个实线性空间，称之为 M 在点 x 的切空间。

8. 黎曼流形

黎曼流形定义如下：如果光滑流形 M 的每个切空间 $T_x(M)$ 中都给定了内积，则称 M 为黎曼流形。

9. 弧长

设 $C(t)$，$a \leqslant t \leqslant b$ 是黎曼流形 M 中的一条曲线，在 C 上每点的切向量记为 ν_t，则可以定义曲线 C 的弧长 $S(C)$ 为 $S(C) = \int_a^b \parallel \boldsymbol{v}_t \parallel \mathrm{d}t$。

10. 测地距离

设 p，q 是黎曼流形 M 中任意两点，则这两点间的测地距离 $d_M(p, q)$ 为 M 中连接 p，q 的所有分段光滑曲线的弧长的下确界。

11. 等距流形

设 M 为 d 维黎曼流形，若存在光滑映射 g：$M \to R^d$ 满足：

(1) g：$M \to g(M)$ 为同胚；

(2) 对任意的 p，$q \in M$，有 $d_M(p, q) = \parallel g(p) - g(q) \parallel$，则称 M 为 d 维等距流形。

2.2.2　流形学习的定义

流形学习认为高维观测空间中的点由少数独立变量的共同作用在观测空间中张成一个流形，如果能够有效地展开空间卷曲的流形或者发现其内在的主要变量，就可以通过流形学习对该数据集进行降维（徐蓉等，2006）。流形学习的主要目的是发现高维观测数据中隐藏的嵌入流形，找出数据集所蕴含的内在规律和性质。

假设高维观测数据集 $X = \{x_1, x_2, \cdots, x_N\} \in R^D$ 为独立同分布的随

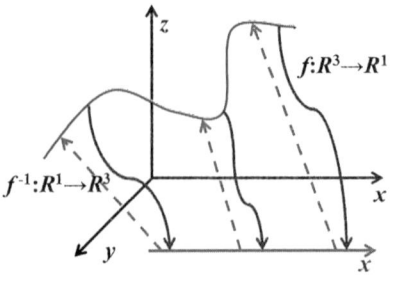

图 2 - 2　3 维空间的流形学习示意图

机样本；假设嵌入映射 $f: M \subset R^D \to R^d$，其中 $d \ll D$；假设数据集 X 散布在光滑的 d 维流形 $M \in R^d$ 上，即 M 为嵌入在 D 维欧氏空间的 d 维流形，流形学习是在没有任何关于 M 和 d 的先验知识的条件下，根据有限的观测数据集 X 发现未知嵌入映射 $f(\cdot)$，并且低维

嵌入 $Y = \{y_1, y_2, \cdots, y_N\} \in R^d$ 通过逆映射 $f^{-1}: R^d \to R^D$ 与高维观测数据一一对应(谷瑞军，2008；王强，2008)。图 2 - 2 中，在 3 维空间中，流形学习通过映射 $f: R^3 \to R^1$ 降维 3 维曲线至 1 维空间来寻找潜在的直线流形，同时直线流形上的点也通过 $f^{-1}: R^1 \to R^3$ 与 3 维曲线上的点一一对应。

2.2.3　流形学习的分类

按照对低维流形的约束或限制方式不同，流形学习可以大致分为四类(Zhang 等，2005；徐蓉等，2006)：

(1) 主流形法：主要思想是假定高维数据存在于嵌套流形中，试图寻找数据集的中间结构，将其描述为流形拟合问题。嵌入结果的拟合度用二者距离的期望平方来度量。主流形法主要包括主曲线法(Principal Curves)(Hastie 和 Stuetzle，1989；Kégl 等，2000)和改进主曲线法(Banfield 和 Raftery，1992；Delicado，2001)等。由于几何直觉的限制，主流形方法较难将弧长参数等全局变量推广至高维空间。

(2) 生长法：生长法采用生成拓扑模型(Chang 和 Ghosh，2001；Smola 等，2001)，其假定观测数据是从均匀分布在低维隐结点中生成的，进而对高维空间和低维流形建立映射关系。由于所用期望最大化算法本身的缺陷，生成模型容易陷入局部最小并且收敛速度较慢。

(3) 互信息法：其思想源于信息论，就是在最近邻域和流形图上，高维数据集和低维嵌入空间数据集中近邻点间的概率的信息熵应该最小。典型的互信息法有随机近邻法(stochastic neighbor embedding，SNE)(Hinton 和 Roweis，2002)和流形制图法(Brand，2003)。互信息法的不足之处是采用迭代法寻求损失函数的最小值时，因此容易陷入局部最小。

(4) 嵌入法：其基本思想是将高维数据内部流形的局部特征与全局特征量化成每对样本点之间的数量关系，然后试图在低维欧氏空间中寻找低维嵌入坐标，使得这种数量关系在嵌入空间中尽可能完整地保持。分析低维嵌入坐标的性质，便能够获得原始高维数据集的内部结构。由于嵌入法所构建的每对样本点之间的关系用一个矩阵来表示，而嵌入结果通过矩阵分析中的谱分析得到，嵌入法又称为"谱方法"。

嵌入法是当前流形学习研究的热点。嵌入法分为全局嵌入法和局部嵌入法。全局嵌入法，如 Isomap(Tenenbaum 等，2000)，其假设在高维空间与低维嵌入空间中样本点间的测地距离能够保留。局部嵌入法，如 LLE(Roweis 和 Saul，2000)、LTSA(Zhang 和 Zha，2003)和 LE(Belkin 和 Niyogi，2003)等。全局嵌入法的优点在于能够忠实地表达数据的全局结构，易于从理论角度理解数据内部特征的保留。局部嵌入法的优势在于：首先计算量较小，至包含多项式数量级的稀疏矩阵运算；其次，良好的表达能力，即全局结构为非欧氏空间的情况下，局部结构更接近于欧氏空间。

2.3　典型流形学习方法

2000 年，Tenenbaum 和 Roweis 分别在 *Science* 发表文章，这两篇文章从视觉认知的角度讨论流形学习，这标志着流形学习开始应用于高维数据处理。这两篇文章介绍的 Isomap 和 LLE 方法被称为流形学习中嵌入法的主要代表。Isomap 采用测地距离代替欧氏距离来改进经典的多维尺度分析(Multi-Dimensional Scaling，MDS)，被认为是保留高维空间数据的全局特性的代表。LLE假设采样数据所在的低维流形是局部线性的，利用近邻构建局部结构，然后寻找能够在平移、旋转及伸缩变换下保持局部几何结构不变的局部线性嵌入。LEE被认为是保留局部几何结构不变的代表。

在Isomap和LLE之后，流形学习进入了蓬勃发展时期，学者提出了许多经典的流形学习方法，如带标志点的Isomap(Landmark Isometric mapping，LIsomap)(Silva和Tenenbaum，2003)、线性局部切空间排列(Local Tangent Space Alignment，LLTSA)(Zhang等，2007a)、海森特征映射(Hessian Eigenmaps，HE)(Donoho和Grimes，2003)、LE、LTSA、扩散映射(Diffusion Maps，DM)(Coifman和Lafon，2006)和局部保持映射(Locality Perserving Projections，LPP)(Niyogi，2004)等。这一小节，我们将介绍和分析三种典型的流形学习方法，包括Isomap、LTSA和LE，为后面章节的研究工作提供准备。

假设高维数据为实数向量集 $X = [x_1, \cdots, x_N]^T \in R^D$，其中 N 和 D 分别为样本点个数和高维空间的维数；假设低维嵌入坐标为向量集 $Y = [y_1, \cdots, y_N]^T \in R^d$；假设每个样本点在高维空间的邻域为 $C_i = [x_{i_1}, \cdots, x_{i_k}]$，其中 k 为邻域大小。

2.3.1　等距映射方法

Isomap是Tenenbaum等于2000年提出的，其基本思想是当数据集的分布具有低维嵌入流形结构时，可以通过等距映射获得高维空间数据集在低维空间的表示(Tenenbaum等，2000)。Isomap建立在MDS的基础上，力求保持数据点的内在几何性质，即两点间的测地距离。Isomap同MDS的最大区别在于MDS构造的距离矩阵反映的样本点间的欧氏距离，而Isomap构造的距离矩阵反映的是样本点之间的测地距离。Isomap具体算法分为以下三步：

（1）构造邻域图 C。邻域图 C 由点 x_i，x_j 之间的欧氏距离 $d_x(i, j)$ 搜寻得到。可采用 ε-邻域或 k-邻域策略来描述邻域，但实际中考虑到计算方便往往采用 k-邻域。如果 x_j 在 x_i 的 k 个最近邻点之一，则连接 x_i 和 x_j，且该边的长度为 $d_x(i, j)$；否则边长为 0。

（2）计算最短路径。在邻域图 C 的基础上构建测地距离图 G。如果 x_i 和 x_j 位于彼此邻域内，两者的测地距离为欧氏距离；否则两者的测地距离 $d_M(i, j)$ 通过最短路径 $d_G(i, j)$ 采用 Dijkstra 算法来逼近。

（3）构造 d 维嵌入。在距离矩阵 $\boldsymbol{D}_G = \{d_G(i, j)\}$ 上，采用经典 MDS 方法构造能保持拓扑空间本质结构的 d 维嵌入空间 Y，坐标向量 y_i 由最小化下列误差方程得到

$$E = \parallel \tau(\boldsymbol{D}_G) - \tau(\boldsymbol{D}_Y) \parallel^2 \qquad (2-1)$$

式中，矩阵变换算子 $\tau_D = -\boldsymbol{H}\boldsymbol{S}\boldsymbol{H}^T/2$，$\boldsymbol{S}$ 是平方距离矩阵 $\{S_{x_i x_j} = D^2_{x_i x_j}\}$，$\boldsymbol{H}$ 是集中矩阵 $\{H_{x_i x_j} = \delta_{x_i x_j} - 1/N\}$；$\delta_{x_i x_j}$ 为样本点 x_i 和 x_j 间的内积；$\boldsymbol{D}_G$ 是高维空间 R^D 中的最短路径距离矩阵，$\boldsymbol{D}_Y$ 是低维空间 R^d 中的欧氏距离矩阵。式（2-1）的最小值可通过求取矩阵 $\tau(\boldsymbol{D}_G)$ 的 d 个最大特征值对应的特征向量来实现。

我们采用 3 维卷绕式数据集来解释 Isomap 流形学习的原理。图 2-3(a) 中，3 维空间的卷绕式数据集实际位于一个 2 维的流形上。对其任意一对样本点 x_i 和 x_j，两点之间的欧氏距离（虚线所示）无法表达数据集内在的流形结构，而测地距离（实曲线所示）却能够准确表达该数据集的 2 维流形特征。考虑测地距离在实际中难以准确计算得到，因此通过欧氏距离构建 k-邻域图并计算 x_i 和 x_j 间的最短路径距离来逼近真实测地距离，如图 2-3(b) 所示。接下来，采用 MDS 降维测地距离图得到 2 维的 Isomap 嵌入结果，其中 x_i 和 x_j 在低维嵌入空间的对应点分别为 y_i 和 y_j，如图 2-3(c) 所示。可以看出，降维后，y_i 和 y_j 之间的欧氏距离基本上保持 x_i

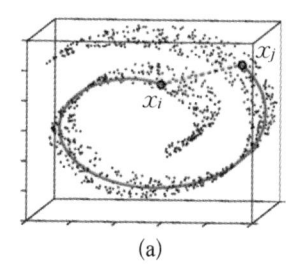 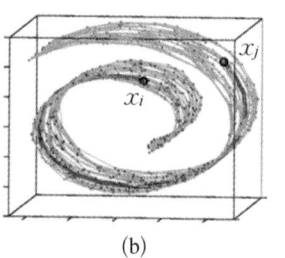 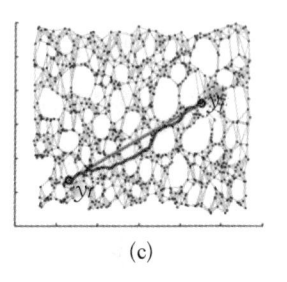

(a)　　　　　　　　　　(b)　　　　　　　　　　(c)

图 2-3　Isomap 流形学习示意图(Tenenbaum 等,2000)

和 x_j 之间的测地距离。因此,Isomap 能够保持降维前后高维空间样本点间的测地距离基本不变。

2.3.2　局部切空间排列方法

不同于 Isomap,LTSA 构建位于每个样本点的局部几何结构,并通过排列彼此重叠的局部切空间来得到全局流形坐标(Zhang 和 Zha,2003)。LTSA 首先寻找出样本点的局部邻域,并在每个邻域上作主成分分析,以获得样本点的切空间及邻域在这个切空间上的局部投影坐标。其次,LTSA 认为理想的低维嵌入同局部的投影坐标之间只差一个仿射变换,并由此构造一个最小重构误差。求解这个最小重构误差问题可以转化成求解一个稀疏矩阵的特征值问题,最终求得全局的嵌入坐标。LTSA 的具体算法分为以下四步:

(1)构造邻域图 C。LTSA 通过任意样本点 x_i 和 x_j 间的欧氏距离来构建邻域 C_i。可采用 ε-邻域或 k-邻域来描述邻域,但实际中考虑计算方便往往采用 k-邻域。如果 x_j 在 x_i 的 k 个最近邻点之一,则连接 x_i 和 x_j,且该边的长度为 $d_x(i,j)$;否则边长为 0。

(2)局部线性投影。LTSA 通过计算一个 d 维的仿射子空间来逼近 C_i 中的点,即

$$\min_{x,\Theta,Q}\sum_{j=1}^{k}\parallel x_{ij}-(\theta_i+\boldsymbol{Q}_i\theta_{i_j})\parallel^2=\min_{x,\Theta,Q}\parallel X_i-(\theta_i e_k^T+\boldsymbol{Q}_i\Theta_i)\parallel^2$$

$$(2-2)$$

式中 $\Theta_i = [\theta_{i_1}, \cdots, \theta_{i_k}]$ 为 C_i 中的局部流形坐标; θ_i 为邻域中心点的局部流形坐标; Q_i 为局部仿射变换矩阵且 Q_i 的列数为 d。最小化式(2-2)可得到邻域 C_i 中每个样本的局部流形坐标为 $\Theta_i = Q_i^{\mathrm{T}}(C_i - \bar{x}\,e_k^{\mathrm{T}})$，其中 Q_i 为中心化邻域矩阵 $C_i - \bar{x}_i e^{\mathrm{T}} = [x_{i_1} - \bar{x}_i, \cdots, x_{i_k} - \bar{x}_i]$ 的最大 d 个右奇异值向量 $\sigma_{i_1}, \cdots, \sigma_{i_d}$ 所对应的矩阵，$\bar{x}_i = C_i e^{\mathrm{T}}$ 为邻域矩阵 C_i 的中心样本点。

（3）局部线性坐标排列。将所有重叠的局部坐标系统 $\Theta_i = [\theta_{i_1}, \cdots, \theta_{i_k}]$ 排列起来得到全局坐标系统 $Y = [y_1, \cdots, y_N]^{\mathrm{T}}$。LTSA 认为全局坐标 y_i 能反映局部坐标 θ_i 所决定的局部几何结构，即满足

$$Y_i = Y_i e e^{\mathrm{T}}/k + L_i \Theta_i + E_i \qquad (2-3)$$

式中 $Y_i = [y_{i_1}, \cdots, y_{i_k}]$ 为邻域 C_i 中每个样本点的全局坐标; $E_i = [\varepsilon_{i_1}, \cdots, \varepsilon_{i_k}]$ 为对应的每个样本点的局部重构误差; L_i 为待定的局部仿射变换矩阵。

（4）计算全局排列坐标。通过最小化下列局部重构误差得到式(2-4)来计算全局流形坐标：

$$E(Y) = \sum_{i=1}^{N} \| E_i \|^2 = \sum_{i=1}^{N} \min_{L_i} \| Y_i (I - e e^{\mathrm{T}}/k) - L_i \Theta_i \|^2 \quad (2-4)$$

式(2-3)中的最优仿射变换矩阵 L_i 可通过最小化特定 Y_i 的局部重构误差 $\| E_i \|$ 得到式(2-5)求得：

$$L_i = Y_i (I - e e^{\mathrm{T}}/k) \Theta_i^+ \qquad (2-5)$$

同时为了得到唯一解，LTSA 给全局坐标 Y 加上中心化和标准化约束。因此，式(2-4)可转换为式(2-6)：

$$E(Y) = \sum_{i=1}^{N} \| Y_i (I - e e^{\mathrm{T}}/k)(I - L_i \Theta_i^+ \Theta_i) \|^2 = trace(\boldsymbol{Y\Phi Y}^{\mathrm{T}})$$

$$(2-6)$$

式中 $\boldsymbol{\Phi} = \sum_{i=1}^{N} S_i W_i W_i^{\mathrm{T}} S_i^{\mathrm{T}}$ 为局部坐标排列矩阵，$\boldsymbol{S}_i \in R^{N \times k}$ 为选择矩阵。

$W_i = I - [I_k/\sqrt{k}, V_i][I_k/\sqrt{k} I_i^T]$，其中 V_i 为中心化邻域矩阵 $C_i - \bar{x}_i e^T$ 的最大 d 个左奇异值向量 $\sigma_{i_1}, \cdots, \sigma_{i_d}$ 所对应的矩阵。全局流形坐标 Y 为全局排列矩阵 $\boldsymbol{\Phi}$ 的从第 2 到第 $d+1$ 的特征值所对应的特征向量。

2.3.3 拉普拉斯特征映射方法

拉普拉斯特征映射（Laplacian Eigenmaps，LE）算法是基于谱图理论的流形学习方法，其基本思想是高维空间中距离很近的点投影到低维流形上也应距离很近（Belkin 和 Niyogi，2003）。流形结构由邻域图来近似描述，采用邻域图的加权拉普拉斯核来逼近拉普拉斯-贝尔特拉米（Laplacian-Beltrami）算子（Angenent 等，1999），并通过映射来保持局部邻域的一些特性。LE 的具体算法包括以下三步：

（1）构造邻域图 C。LE 通过任意样本点 x_i 和 x_j 间的欧氏距离来构建邻域。可采用 ε-邻域或 k-邻域来描述邻域，但实际中考虑到计算方便往往采用 k-邻域。如果 x_j 是 x_i 的最近的 k 个点中的一个时，两者相邻且存在边，边长为两者间的欧氏距离；否则距离为 0。

（2）计算权重系数。计算任意样本点 x_i 和 x_j 之间的权重系数，得到权重矩阵 $\boldsymbol{W}$。可采用热核法或 0—1 法来构建权重矩阵，但由于热核能够传导偏微分方程的解，建立流形上可微函数算子与热流的紧密联系，所以实际中通常选择热核法。如果 x_i 和 x_j 位于同一邻域，两样本点间的权重系数 $w_{ij} = \exp(-\|x_i - x_j\|^2/\sigma^2)$，其中 σ^2 为径向基核函数的方差；否则 $w_{ij} = 0$。

（3）计算 d 维嵌入。假设 $\boldsymbol{\Phi}$ 表示对角元素 $\phi_{ii} = \sum_j w_{ij}$ 的对角矩阵，LE 的低维坐标 y_i 通过极小化目标函数式（2-7）而获得：

$$E(Y) = \sum_{ij} \frac{w_{ij} \|y_i - y_j\|^2}{\sqrt{\phi_{ii}\phi_{jj}}} \tag{2-7}$$

为了得到唯一的流形坐标 Y，对式（2-7）附加中心化和标准化的限制，即

$Ye_N^T = 0$ 和 $YY^T = I$，目标函数式(2-7)可变为式(2-8)：

$$E(Y) = Tr\left[Y(I - \boldsymbol{\Phi}^{-1/2}\boldsymbol{W}\boldsymbol{\Phi}^{-1/2})Y\right] \qquad (2-8)$$

计算矩阵 $\Delta = I - \boldsymbol{\Phi}^{-1/2}\boldsymbol{W}\boldsymbol{\Phi}^{-1/2}$ 的最小 $d+1$ 个特征向量 $u_1, \cdots, u_{d+1}$，则第 2 至第 $d+1$ 个特征向量为高光谱影像 LE 降维的嵌入结果 $Y = [u_2, \cdots, u_{d+1}]$。同样，目标函数式(2-7)可在附加中心化和标准化约束后可变为求解式(2-9)的最小特征向量

$$Lf = \lambda\boldsymbol{\Phi}f \qquad (2-9)$$

式中，$\boldsymbol{\Phi}$ 为对角权矩阵，$\boldsymbol{L} = \boldsymbol{W} - \boldsymbol{\Phi}$ 为 Laplace(对称且半正定)矩阵。

式(2-9)能够近似对应于 Laplace-Beltrami 的特征向量求解，因此 LE 被认为能够寻找低维流形的最佳嵌入，而且数据集的嵌入映射可以近似估计定义在整个流形上的 Laplace-Beltrami 算子的内在特征映射。

2.3.4　几种流形学习方法的对比

Isomap、LTSA 和 LE 三种流形学习方法的对比结果如表 2-1 所示。Isomap 通过特征分解双中心化最短路径距离矩阵来得到嵌入结果，嵌入结果体现高维空间中数据点的流形距离，尤其对数据集内部的等距流形效果最佳。同时，Isomap 能够忠实地表达数据的全局结构，易于从理论角度理解度量的保持。此外，Isomap 能很好处理具有单一流形结构的数据，在维数约简过程中可以产生"elbow"现象，并由此判断流形的本征维数(Tenenbaum 等，2000)。但是 Isomap 存在一些不足。首先，Isomap 没有定义高维空间到嵌入空间的映射，对于一个未知点不能直接投影到嵌入空间。其次，流形中的"空洞"，即与流形等距的低维欧氏空间为非凸时，流形上的最短路径会产生较大偏差，导致 Isomap 嵌入结果产生扭曲和变形(Donoho 和 Grimes，2002)。再次，Isomap 的邻域结构影响算法拓扑结构的稳定性(Balasubramanian 和 Schwartz，2002)。还有，当数据集存在噪声

表 2－1　三种流形学习方法的比较

特　性	流 形 学 习 方 法		
	Isomap	LTSA	LE
类　别	全局嵌入	局部嵌入	局部嵌入
数据集要求	凸集	无	无
主要参数	邻域 k，本征维数 d	邻域 k，本征维数 d	邻域 k，本征维数 d 和参数 σ
局部(全局)几何表示	测地距离矩阵	局部邻域由局部切空间逼近，每个样本点通过局部切坐标表示	邻域图上的热核权表示近邻相似度
低维空间几何性质保持	保持数据点间的测地距离不变	全局低维坐标由局部低维坐标仿射变换得到	高维空间中的近邻点映射到低维空间仍为近邻点
低维(d维)坐标求解	双中心化最短路径距离矩阵的最大 d 个特征值对应的特征向量	对称半正定矩阵的第 2 至第 $d+1$ 个最小特征值对应的特征向量	对称半正定稀疏矩阵的第 2 至第 $d+1$ 各最小特征值对应的特征向量
计算复杂度	高	较低	较低
优　点	(1) 能够很好挖掘等距流形；(2) 忠实表达数据的全局结构，易于理论理解；(3) 很好处理单一流形，并可以判断本征维数	(1) 不要求数据集为凸的；(2) 能够保证局部邻域结构不变；(3) 计算复杂度低	(1) 坚实谱图理论基础；(2) 不要求数据集为凸的；(3) 能够保证高维空间中的近邻点映射到低维空间仍为近邻点；(4) 计算复杂度低
缺　点	(1) 要求流形中无"空洞"或流形对应的欧氏空间为凸的；(2) 对噪声比较敏感；(3) 计算复杂度非常高	(1) 对噪声较为敏感；(2) 对样本点的密度和曲率变化依赖较大；(3) 能够很好挖掘数据内部的等距流形	(1) 无法保证高维空间中距离较远的点在低维空间中仍距离较远；(2) 参数 σ 对嵌入结果影响较大；(3) 对错位点和噪声比较敏感；(4) 无法很好挖掘数据内部的等距流形

时,Isomap 很难恢复高维数据的内在结构(徐蓉,2006)。最后,Isomap 计算效率较低(Silva 和 Tenenbaum,2003)。

LTSA 利用局部邻域来构建切空间,然后采用局部坐标的全局排列,最后求解全局排列矩阵的特征向量来获得全局嵌入坐标。相比 Isomap,LTSA 的计算复杂度稍低。然而 LTSA 也存在一些缺陷。首先,过大的噪声会导致高维数据集的局部低维特征不明显,影响局部邻域到局部切空间的投影距离,进而影响到 LTSA 的嵌入结果。其次,LTSA 对样本点的密度和曲率变化较为敏感(黄启宏,2007)。样本点的密度和曲率的过大变化导致流形局部切空间的投影产生偏差,最终扭曲 LTSA 的嵌入结果。

LE 能够保持高维空间中距离较近的点在降维后的低维流形上距离仍然较近,通过特征分解半正定稀疏矩阵来求的嵌入结果。相比 Isomap 和 LTSA,LE 的最大优势是具有坚实的谱图理论支撑。如果数据样本均匀采样于高维空间内的低维流形,流形上 Laplace-Beltrami 算子可看作图的 Laplacian 逼近,高维数据集的低维嵌映射可近似为整个流形上的 Laplace-Beltrami 算子的内在特征映射,LE 能够找到高维数据的最优低维嵌入(王自强等,2008)。同时,LE 的计算复杂度较低。然而 LE 也面临一些问题。首先,权值系数设置过于简单,所以 LE 能够保证流形上邻近点仍映射到低维空间中距离相近,却无法保证流形上距离较远的点在低维空间中距离仍然较远(王靖,2006)。其次,LE 中参数 σ 的设置对 LE 嵌入结果影响较大(黄启宏,2007)。最后,LE 对高维数据集中的错位点和噪声比较敏感。

总结发现,Isomap 能够全局保证低维流形上的点能够按照测地距离的远近映射到低维空间中的对应点,而 LE 和 LTSA 只能保证流形上距离近的邻域点在降维后仍然距离较近。Isomap 要求凸高维数据集来保证高维空间中流形距离的计算正确性,远距离点的流形距离计算带来较大的计算复杂度,而 LE 和 LTSA 只考虑局部邻域的关系,并不要求数据集是凸的,计算复杂度也远小于 Isomap(黄启宏,2007)。因此,在实际中应根据具体需要来选择采用哪种方法来处理高维数据集。不过三种流形学习方法都面临着邻域选取和嵌入维数的问题，都需要选取出一个合适的邻域和嵌入维数来保证低维嵌入结果的可靠性和准确性。

2.4　流形学习方法中主要参数

流形学习的算法性能依赖于参数设定，尤其是本征维数 d 和邻域大小 k 的选择。本征维数 d 反映高维数据的低维本质，本征维数的正确估计与否是影响流形学习低维嵌入结果的重要指标。同样，邻域大小 k 的确定对邻域图的构建至关重要，影响到高维数据中低维流形的拓扑结构表达的准确性。而且，由于邻域图通常采用欧氏距离度量搜寻得到，容易出现"短路"边，因此邻域优化对流形学习的嵌入结果也将产生很大作用。

2.4.1　本征维数的估计

本征维数的数学定义为：高维数据集实际上是位于一个维数比数据空间的维数小得多的非线性流形上，这个低维流形的维数定义为该高维数据的"本征维数"。从数据非线性建模的角度而言，本征维数的目的是确定独立变量的个数来对高维数据进行低维流形建模。因此，在实际应用中，本征维数可定义为如下：对高维空间的观测数据进行低维流形重构所需要的独立变量的最小个数。在流形学习分析中，如果本征维数定义过低，则会导致高维数据中的重要信息丢失；相反，如果定义过高则会导致降维结果的噪声增大，影响低维嵌入结果的准确性。本征维数估计对获取准确的流形学习嵌入结果有重大意义。

最早提出本征维数估计的是 Bennet，他将全局 PCA 应用于具有高维数据来估计其本征维数（Bennett，1969）。后来，学者对全局 PCA 进行改进和完善,产生了一系列基于 PCA 的本征维数估计方法。然而,这些方法不一定适合于非线性数据。在此基础上,针对非线性数据,学者也提出了许多本征维数估计方法。这些方法可以分为两大类:先验式方法和后验式方法。先验式方法通过特征映射、几何拓扑或概率统计的理念来预先估计高维数据中低维流形的本征维数。后验式方法通过降维后的剩余方差或其他一些实际应用指标来估计本征维数。

1. 先验式方法

先验式方法,目前可分为特征映射方法、几何学习方法和统计学习方法这三类方法。

(1) 特征映射方法

特征映射方法包括全局 PCA(Bennett,1969)、局部 PCA(Bruske 和 Sommer,1998)、MDS(Cox,2008)和多尺度奇异值分解(Multi-scale Sigular Value Decomposition)(Little 等,2009)等方法。这些方法都是利用高维数据分布的本征特征是数据的局部特征的基本思想,通过映射函数将高维数据集投影到一个低维空间中,对低维空间数据进行特征分解,选取对应特征值最大的特征向量作为本征特征(尹峻松等,2007)。例如局部 PCA 通过对高维数据进行局部特征分析来获得主要特征量数目,然后不断减小局部区域的大小直至达到某个极限维数,以此来估计原始高维数据的本征维数。这些方法得到的本征维数是由特征值大于一给定阈值 $\left(\sum_{j=1}^{\nu}\lambda_{j}\big/\sum_{i=1}^{d}\lambda_{i}\right)\geqslant\nu$ 的个数决定,其中 d 为判断维数,ν 为选取的阈值。由于全局 PCA 和 MDS 对于非线性拓扑结构可能会失效,而局部方法很大程度取决于局部邻域划分和阈值的精确选择(Camastra 和 Vinciarelli,2002)。因此,特征映射方法不能提供非线性数据的本征维数的可靠估计。

(2) 几何拓扑学习方法

几何学习方法通过发掘高维数据的本质几何特征来确定低维流形的本征维数。这种方法包括分形维数法(Fractal Dimension)(Camastra 和

Vinciarelli，2002；Mo 和 Huang，2012）、最近邻点距离法（Nearest Neighbor Distances）（Costa 等,2005）、包数法（Packing Numbers）（Kégl，2002）、张量表决法（Tensor Voting）（Mordohai 和 Medioni，2005）、神经网络法（Neural Network）（Potapov 和 Ali，2002）、雕饰球法（Incisng Balls）（Fan 等,2009）和聚类法（Eriksson 和 Crovella，2012）等。分形维数法基于分形理论,通过计算原始数据的分形维数来估计本征维数。最近邻距离法,通过对每个样本点计算 k-邻域来估计原始数据的本征维数。包数法通过计算原始数据在高维空间的填充维数来估计本征维数。张量表决法通过在每一点估计张量的本征值的最大间隔来估计总体数据的本征维数。神经网络法利用神经网络算法来非线性拓扑投影原始数据至低维空间,进而估计原始数据的本征维数。雕饰球法通过寻找雕饰球内样本点个数和球半径的指数关系来估计本征维数。聚类方法通过高维数据的自聚类来估计原始数据的本征维数。相比特征映射方法,以上几何拓扑学习方法都不需要对数据模型做任何假设,也不需要设置任何参数,因此应用较为广泛。然而,对于样本数较少、观测维数较高的情况,几何学习方法往往会出现本征维数欠估计的问题。

（3）统计学习方法

统计学习方法是利用概率统计模型来估计高维数据的本征维数。统计学习方法包括极大似然法（Maximum Likelihood Estimation，MLE）（Levina 和 Bickel，2004）、正则化极大似然法（Regularized Maximum Likelihood Estimation，RMLE）、扩散增长自组织映射法（Diffusing and Growing Self-Organizing maps，DGSOM）（Xiao 等,2005）、测地最小扩展树方法（Geodesic-Minimum Spanning Trees，GMST）（Costa 和 Hero,2004）和高速矢量量化法（High-Rate Vector Quantization，HRVQ）（Raginsky 和 Lazebnik，2006）等。极大似然法通过建立近邻间距离的似然函数,得到本征维数的极大似然函数,然后计算本征维数的极大似然估

计。扩散增长自组织映射法认为拓扑图中相邻点之间的拓扑链接能有效反映原始数据的本质结构。它首先构造原始数据的拓扑图,然后计算网络中拓扑节点的平均链接节点数目来估计原始数据的本征维数。测地最小扩展树法利用测地距离来构建最小扩展树,通过计算最小扩展树的总长度并结合熵值来估计高维数据的本征维数。高速矢量量化法通过估计流形上概率分布的渐进最优量化误差来计算量化维数进而估计高维数据的本征维数。统计学习方法用以估计的本征维数都是代表高维空间中有限个离散的向量,估计的结果依赖于针对不同方法所使用的不同统计模型,因此对于同样的高维数据可能得出不同的本征维数估计结果。

2. 后验式方法

后验式方法是在流形学习得到低维嵌入结果后,通过剩余方差或一些实际应用指标来估计原始高维数据的本征维数。相比先验式方法,后验式方法在计算过程上较为复杂,但由于所估计的本征维数是根据实际应用指标得到的,所以在实践应用中比先验式方法更加有效。

(1) 剩余方差法

剩余方差法是指流形学习降维后,高维数据的潜在流形在低维嵌入空间的重建误差。剩余方差法是依据剩余方差与嵌入维数存在的函数关系来寻找"拐点"或人工设定阈值,进而估计得到高维数据的本征维数。剩余方差曲线中,随着嵌入维数从 1 维开始,剩余方差首先陡降,然后开始平缓减小,剩余方差曲线形成一个明显的"拐点"。"拐点"过后,随着降维维数的增加,剩余方差逐渐平稳较小以逼近于 0。因此,可通过剩余方差曲线的"拐点"或人工设定阈值来估计高维数据的本征维数(Tenenbaum 等,2000)。

目前,针对 Isomap 方法,Tenenbaum 根据高维空间样本点间的测地距离矩阵和对应的低维嵌入空间的欧氏距离矩阵的相关系数随嵌入维数的变化来估计最佳嵌入维数,作为高维数据的本征维数(Tenenbaum 等,

2000)。对于 LTSA 方法,可以根据局部切空间的坐标在全局坐标排列中的重建误差随嵌入维数变化而形成的"拐点"或设定阈值来估计原始数据的本征维数(Teng 等,2005)。

(2) 交叉验证法

交叉验证法是一种人工设定方法,根据流形学习降维的后续应用的结果来交叉设定最佳的嵌入维数,即原始高维数据的本征维数。通常流形学习降维后,低维嵌入结果被用来图像检索(He 等,2004;Wang 等,2009)、遥感图像分类(Camps-Valls 等,2007;Liu 和 Qian,2013)或异常探测(Ma 等,2010b,c),因此可以根据应用效果的评价指标如分类精度、识别精度或虚警率来选择最佳嵌入维数作为原始高维数据的本征维数。交叉验证方法在实际应用中最为广泛,然而计算过程最为复杂,需要利用流形学习多次降维高维数据至不同维数的低维空间,根据应用效果的评价指标来交叉验证选定。

2.4.2 邻域选择及优化

邻域图的构建是重构流形的拓扑结构,因此邻域选择同样是流形学习的关键步骤。如果邻域定义过小,各点构建的邻域彼此不连通,低维流形将成为不连通的聚类,无法得到整体数据的统一低维嵌入结果。如果邻域定义过大,则会使得构建的邻域图有所谓的"短路边"连接属于不同分支的点对,进而造成低维嵌入结果的不稳定(Balasubramanian 和 Schwartz,2002)。邻域选择及优化对流形学习方法的嵌入结果影响重大。目前,存在四类邻域选择和优化方法,包括统计估计方法、自适应估计方法、邻域优化方法和交叉验证估计方法。

1. 统计估计方法

统计学习方法是根据流形学习降维后的得到的一些量化指标与邻域大小 k 的统计关系,来选择原始数据的最佳邻域。如 Samko 等利用

Isomap 方法中提出的降维后测地线距离与估计的测地线距离的残差来选择最佳邻域大小(Samko 等,2006)。Chao 等基于 Isomap 方法来分析降维后测地距离与邻域大小 k 的关系,通过选取"拐点"进而估计最佳邻域(Shao 和 Huang,2005b)。以上方法能够得到全局一致的邻域估计值,对一些高维数据的邻域选取效果较好,然而缺乏大量实践验证来进一步评价其实际应用效果。

2. 自适应估计方法

自适应学习方法是根据高维数据的内在特性,如流形的局部光滑性、流形曲率和采样密度等,针对每一点来自动选取邻域的方法。如王靖基于邻域压缩和邻域扩张理念来自适应选取邻域以匹配流形的局部几何特性(王靖,2006)。张振跃等基于奇异值平方的比率提出自适应邻域方法来改善 LTSA 的降维效果(Zhang 等,2007b)。Nathan 等基于局部采样密度来估计局部切空间,同时对每一点的自适应设定上界来确定邻域(Mekuz 和 Tsotsos,2006)。在此基础上,高小方基于采样密度和流形曲率变化来估计切空间,并自动估计每一点的邻域大小(Gao 和 Liang,2011;高小方,2011)。后来,詹宇斌等提出局部线性结构的自适应邻域选择方法,该方法考虑流形的局部平滑特性,利用 PCA 来度量有限点集的线性程度来自动估计每一点的邻域(詹宇斌等,2011)。以上算法虽然避免设定一个全局一致的邻域大小,然而受限于一个假设或者另一个全局参数,因此并没有实现真正意义上的针对每一点的最佳邻域选取。

3. 邻域优化方法

常规的邻域图利用欧氏距离来搜寻得到,这无法确定并完全保证邻域图的连通性。因此学者利用高维数据的完全欧氏图的 k 边连同和 k 连通子图来构建连通的邻域图(Yang,2005)。此外,欧氏距离得到的邻域图容易产生"短路"边,因此可以将经过低密度区域的边认为是"短路"边,通过删除"短路"边来优化邻域图(Shao 等,2007;Xia 等,2008)。然而存在一个重要问题是这些被认为的"短路边"可能是由于采样的不均匀性引起的,并不一定是真正的"短路边"。

4. 交叉验证估计方法

类似于本征维数,邻域大小 k 也可通过流形学习降维的后续应用结果来人工交叉验证来设定。流形学习降维后,可以根据应用效果的评价指标,如图像分类应用中的分类精度、语音识别中的识别精度和异常探测中的识别率或虚警率等来确定最佳邻域大小以满足后续应用。相比以上统计估计方法和自适应估计方法,交叉验证法的实际应用最为广泛,然而计算过程最复杂,需要流形学习多次降维原始数据至不同维数的低维空间,根据实际应用效果来综合选定。

2.5 本章小结

本章首先给出了流形的相关数学定义,然后介绍了流形学习的概念以及分类。其次,本章列举了常用的三种流形学习方法包括 Isomap、LTSA 和 LE。同时,通过这三种方法的综合对比和分析,总结出它们各自的优点和不足。接下来,针对流形学习方法中的关键参数,介绍了当前的本征维数估计和邻域选择及优化方法。总结发现,以上三种方法具有一些共同特性:① 首先构造样本点的局部邻域结构,然后利用邻域结构映射全部样本点至低维空间;② 降维结果都依赖于参数设置,如邻域大小 k 和本征维数 d;③ 都是通过非线性的方法将问题简单转化为特征值求解问题来实现目标问题优化。三种方法的不同之处在于构造的邻域结构不同以及利用邻域结构来构造全局的低维嵌入的方法不同。这些内容是后续章节工作的理论基础,对本书研究具有重要的指导意义。

第3章

基于光谱意义解释的高光谱影像低维流形特征提取

3.1 引　言

　　由于波段众多且相关性强、数据量大且冗余度高等原因,利用降维来提取高光谱数据的内部特征以满足后期应用非常必要。高光谱影像作为典型的高维空间数据,由于双向反射分布函数效应、多重散射及像素成分的异质性等原因具有明显的非线性特性。因此,流形学习被应用于高光谱影像中来研究特征提取问题。流形学习假设高光谱影像采样于低维统一流形,通过保持某些几何结构找到潜在流形同时实现非线性降维。学者们研究利用各种流形学习方法来挖掘高光谱影像的非线性特性,这对降维的后续应用如分类、目标识别和异常探测有很大帮助。流形坐标被认为能够继承高光谱影像地物的光谱特征信息,然而当前研究并未解释清楚低维流形坐标的具体光谱含义,没有建立低维流形坐标与高光谱影像中地物光谱特征的对应关系。这一问题的存在使得流形学习在高光谱影像中的应用缺乏理论基础。

　　Isomap 是流形学习全局保持映射的典型代表,能够保持影像像素点间的测地距离在降维前后不变。因此,本章以 Isomap 方法为例,从高光谱影像 Isomap 降维的流形坐标的光谱意义解释出发,从理论上揭示 Isomap 流形坐标与高光谱影像的各地物光谱曲线之间的对应关系。同时,针对 Isomap 降维的最短路径图谱的边界点的流形坐标缺失问题,引入偏最小二乘方法来修复遗失点的流形坐标。在此基础上,利用 Isomap 低维流形图提取原始高光谱影像内部的低维流形特征,验证低维流形坐标的光谱意义解释的正确性。这为高光谱影像的流形学习降维提供理论支持,并对后续应用具有重要的理论指导意义。

3.2 高光谱影像流形坐标的光谱意义解释

高光谱影像 Isomap 降维后,原始的光谱特征向量转换为低维流形坐标,并以低维流形图的形式展现。高光谱影像的 Isomap 流形坐标的光谱意义解释,即解释影像的潜在流形变量的光谱意义,建立低维流形坐标与高维光谱特征间的对应关系。实验证明,人脸图像可以由光照强度、人脸姿态、人和相机的距离及人脸表情等几个潜在变量进行流形特征表达(He 等,2005)。人脸图像的潜在变量都有先验知识,然而由于高光谱影像采集过程及地物光谱特征的复杂性,高光谱影像数据的潜在变量的先验知识往往缺失。因此,高光谱影像的 Isomap 流形坐标解释只能通过对比和观察低维流形坐标与高维光谱曲线的变化趋势来得到,具体分为以下四步,分别对应图 3-1 中的编号:

(1) 将相邻的高光谱影像流形坐标向量分为一组,如 1—2, 2—3, ……, $(d-1)—d$ 等,每一组对应相邻两维的 Isomap 流形坐标向量;

(2) 对每一组流形坐标分布设定一个外接矩形,并将矩形拆分为 $m \times n$ 个矩形,其中 m 为每行中矩形的个数,n 为每列中矩形的个数。由于流形坐标分布的不均匀性,有些矩形不包含任何坐标点,这些空值矩形在后期

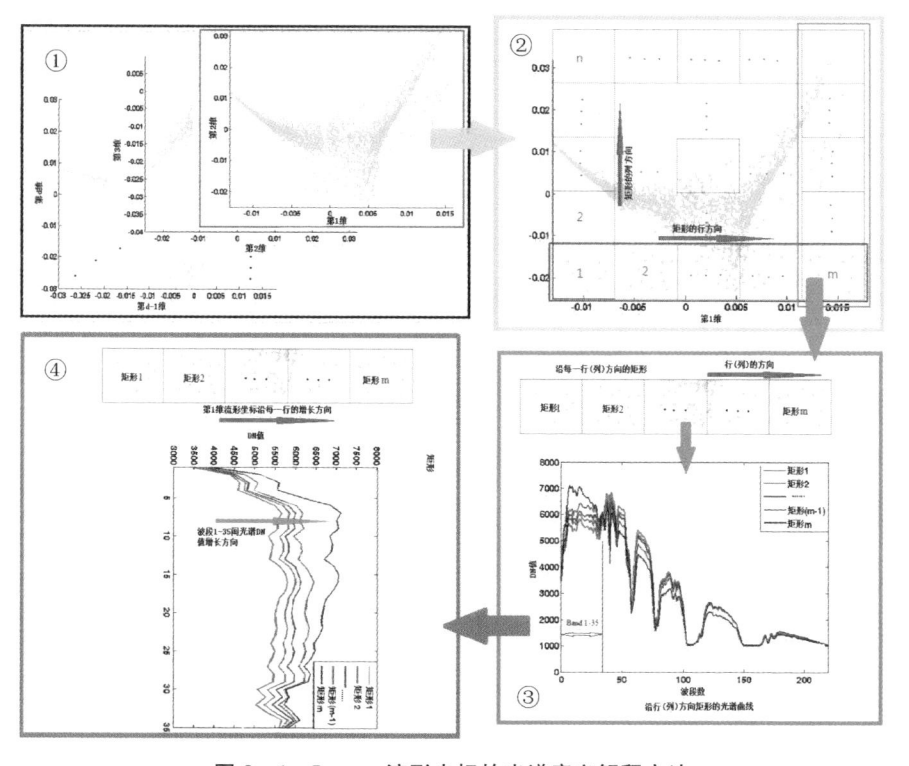

图 3-1　Isomap 流形坐标的光谱意义解释方法

的观察对比分析中将被忽略;

(3) 沿每行或每列计算矩形的代表光谱向量。考虑到光谱特征的真实性,将矩形中最接近平均光谱向量的像素点的光谱向量作为矩形的代表光谱向量;

(4) 沿每行或每列观察对比矩形间流形坐标与光谱曲线变化的趋势,总结变化规律,得到该组流形坐标的光谱意义解释。图 3-1 中,观察第 1 维流形坐标与对应的光谱曲线变化趋势发现,随着流形坐标的增加,对应的波段 1—35 间的光谱值同时增加,所以第 1 维流形坐标描述波段 1—35 的光谱特征。对其他流形坐标分组,重复(2)—(4)过程,得到所有流形坐标的各个维的光谱意义解释。

图 3-1 的步骤②可以看出,矩形的大小对观察流形坐标及光谱特征的

变化有很大影响,关系到流形坐标光谱意义解释的正确性。如果矩形定义过大,则可能导致许多光谱特征的变化趋势信息被湮没;相反,如果定义过小会导致许多噪声现象引入而影响变化趋势规律的总结归纳。因此,通常根据流形坐标的变化趋势从流形坐标分布图中随机采集几组像素点,观察并对比采样点的流形坐标与对应的光谱曲线的变化趋势,辅助验证上述观察矩形窗口得到的流形坐标的光谱意义解释结论。图 3-2 中,以图 3-1 中第 1—2 维流形坐标分布为例,选定 3 组像素点,他们的坐标分布能够反映流形坐标的总体变化趋势。在此基础上,采用图 3-1 中的流形坐标与光谱向量的变化趋势对比方法,观察总结这 3 组像素点的流形坐标与光谱特征的变化趋势的对应情况,获得流形坐标向量对应的光谱区间,最终得到各流形坐标向量的光谱意义解释。

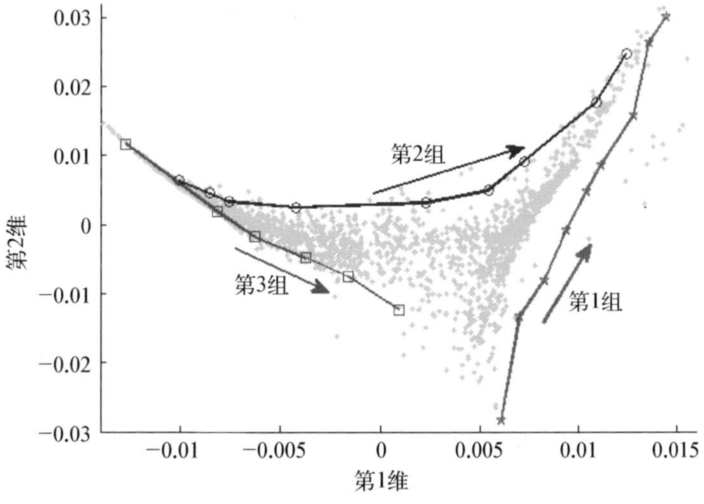

图 3-2 流形坐标采样点的分布

可以看出,流形坐标反映某波段区间的光谱曲线特征,且某一维流形坐标内部差别反映各地物在对应波段区间上的光谱特征差异。然而,用于流形坐标的光谱意义解释的高光谱影像的本征维数不应太高,否则会增加观察对比的难度而导致无法正确解释。

3.3　偏最小二乘法修复 Isomap
遗失点的流形坐标

　　Isomap 方法应用到高光谱影像降维中,像素个数为高维空间的样本点大小,波段数为高维空间的维数。Isomap 降维的第一步是基于邻域来构建高光谱数据在高维空间的最短路径图,图中邻域内部点的测地距离采用欧氏距离,邻域中心点与邻域外像素点的测地距离用 Dijkstra 算法计算最短路径来逼近。然后,采用经典 MDS 来降维最短路径矩阵得到低维流形坐标。考虑图谱稳定性,最短路径图中具有较大连接数的点将被嵌入到低维空间中,而边界点被忽略而没有低维流形坐标(Tenenbaum 等,2000)。通常,Isomap 采用常规高维数据集来进行降维研究,最短路径图中边界点的遗失对其研究结果影响不大。高光谱影像不同于常规高维数据集,尤其他具有"图谱合一"的特性,低维流形坐标往往通过图像形式来进行表达,边界点的流形坐标的遗失将影响高光谱低维流形图的显示以及后期的分类、目标识别和异常探测等实际应用。因此,不能将高光谱影像看作常规数据集而忽略最短路径图中边界点问题。

　　针对 Isomap 降维中最短路径图中边界点问题,有学者采用最短路径图谱自相容方法(Bachmann 等,2005),通过在最短路径图中寻找边界点的最邻近非连接点,建立二者连接实现其重新连接到最短路径图中。虽然该方法可获得最短路径图中边界点的流形坐标,但无法证明该流形坐标与实际流形坐标是否吻合。在本节中,我们采用数学模拟方法,基于偏最小二乘算法建立最短路径图中非边界点的高维光谱向量和低维流形坐标间的拟合关系,模拟修复边界点的流形坐标,并通过模拟坐标与实际坐标、模拟坐标的重构光谱曲线与实际光谱曲线的对比,综合验证模拟坐标的准确性及方法的可靠性。

3.3.1　偏最小二乘方法

偏最小二乘方法（Partial least square，PLS）是由经济计量学家 Herman Wold 在 20 世纪 70 年代提出（Wold，1975），目前广泛应用于计量化学、市场分析和金融等领域。PLS 常用于数据"软"建模，建立反应变量（Responsive Variables，RV）关于解释变量（Explanatory Variables，EV）的回归方程，具有简单稳健、计算量小、预测精度高等优点（曾雪强，2009）。

常用的是非线性迭代偏最小二乘法（Nonlinear Iterative Partial Least Squares，NIMPLS），由 Herman Wold 提出，采用交叉核实法作为迭代停止准则。假设 RV 为 $\boldsymbol{Y} = (y_1, y_2, \cdots, y_q)^{\mathrm{T}}$，观测矩阵为 $\boldsymbol{Y} = \{Y_{ij}\}_{n \times q}$；$EV$ 为 $\boldsymbol{X} = (x_1, x_2, \cdots, x_p)^{\mathrm{T}}$，观测矩阵为 $\boldsymbol{X} = \{X_{ij}\}_{n \times p}$，其中 n 为观测值个数，q 为反应变量个数，p 为解释变量个数。NIMPLS 算法步骤如下：

（1）将观测矩阵 $\boldsymbol{X}$ 和 $\boldsymbol{Y}$ 做标准化变换为 $\boldsymbol{V}$ 和 $\boldsymbol{U}$，作为迭代初始矩阵，记做 $\boldsymbol{V}_{(1)}$ 和 $\boldsymbol{U}_{(1)}$。

（2）计算第 k 步的权重向量 $w_{(k)}$ 和第 k 个解释潜变量向量 $t_{(k)}$，其中 $w_{(k)}$ 为 $V'(k)U(k)U'(k)V(k)$ 的最大特征根对应的特征向量，$t_{(k)} = V_{(k)}w_{(k)}$。

（3）计算第 k 步所提取 EV 和 RV 的因子负荷 $p_{(k)}$ 和 $q_{(k)}$，其中

$$p'_{(k)} = (t'_{(k)}t_{(k)})^{-1}t'_{(k)}V_{(k)} \tag{3-1}$$

$$q'_{(k)} = (t'_{(k)}t_{(k)})^{-1}t'_{(k)}U_{(k)}$$

（4）计算第 $k+1$ 步 X 和 Y 空间的残差 $V_{(k+1)}$ 和 $U_{(k+1)}$，其中

$$V_{(k+1)} = V_{(k)} - t_{(k)}p'_{(k)} \tag{3-2}$$

$$U_{(k+1)} = U_{(k)} - t_{(k)}q'_{(k)}$$

（5）计算预测残差平方和（Predicted Residual Sum of Squares，PRESS），重复以上过程计算去掉第 1 个样本点后的权重向量 $w_{(k)(-1)}$、解释潜变量的因子负荷 $p_{(k)(-1)}$ 和反应潜在变量的因子负荷 $q_{(k)(-1)}$，将该样本点标准化后代入方程（3-3）：

$$U = V\beta \tag{3-3}$$

式中，$\beta = \sum_{i=1}^{k} \left[\prod_{j=1}^{i-1} (I - w_{(j)(-1)} p'_{(j)(-1)}) w_{(i)(-1)} q'_{(i)(-1)} \right]$。如果 $PRESS_{(k)} - PRESS_{(k-1)}$ 大于预定精度，返回式（3-1）；否则迭代停止，建立 U 关于 V 的回归方程（3-4）：

$$U = t_{(1)} q'_{(1)} + t_{(2)} q'_{(2)} + \cdots + t_{(k)} q'_{(k)} = V\beta \tag{3-4}$$

式中，$\beta = \sum_{i=1}^{k} \left[\prod_{j=1}^{i-1} (I - w_{(j)} p'_{(j)}) w_{(j)} q'_{(j)} \right]$。

（6）通过逆标准化变换得到反应变量 Y 关于解释变量 X 的回归方程（3-5）：

$$y_j = a_{j0} + a_{j1} x_1 + \cdots + a_{j1} x_p \tag{3-5}$$

式中，$j = 1, 2, \cdots, q$。

3.3.2　偏最小二乘方法修复 Isomap 遗失点坐标的流程

高光谱影像降维后，Isomap 流形坐标向量间相关性虽然大大减少却依然存在，而且高维光谱向量的维数远大于低维流形向量的维数，这符合 PLS 建模的数据特点要求，因此采用 PLS 建立最短路径图中非边界点的高维光谱向量与低维流形坐标的回归关系，模拟修复 Isomap 降维的最短路径图谱中遗失点的流形坐标。Isomap 遗失点流形坐标的修复流程如图 3-3 所示，具体包括以下步骤：

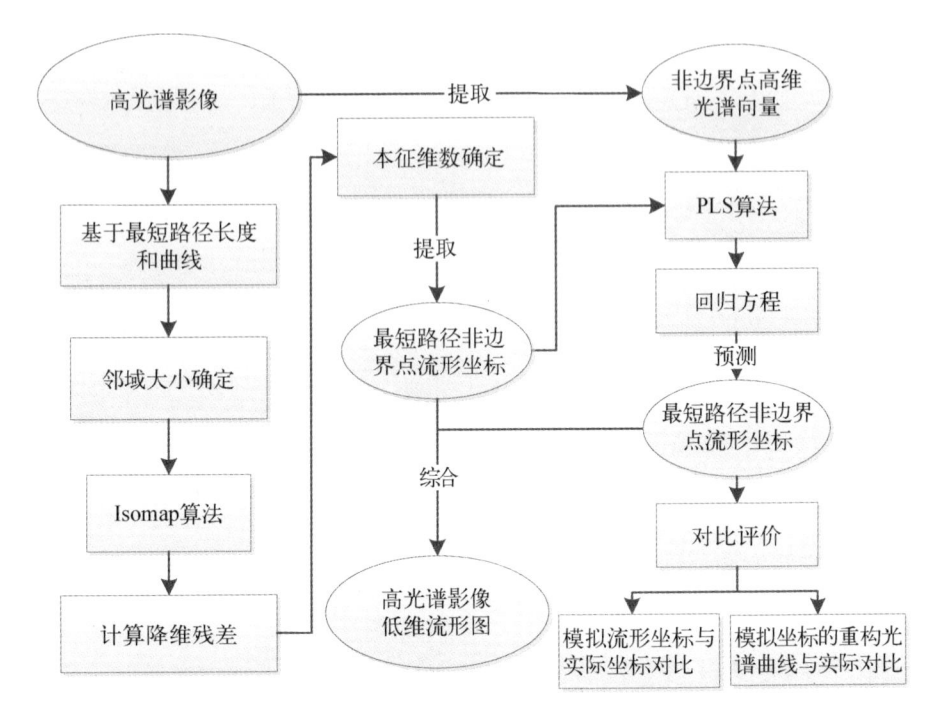

图 3-3　高光谱影像 Isomap 降维的遗失点的流形坐标修复流程

（1）确定邻域大小 k 来构建邻域图。采用最短路径长度和曲线"拐点"方法来确定最佳邻域 k（Shao 和 Huang，2005b）；

（2）确定高光谱影像 Isomap 降维的本征维数 d。采用降维后流形重构残差的方法确定最佳本征维数 d。

（3）通过 Isomap 降维，提取得到高光谱影像的最短路径图中非边界点的 d 维流形坐标。

（4）采用 PLS 方法拟合最短路径图中非边界点的光谱向量与流形坐标间的线性关系，并预测遗失点的 Isomap 模拟流形坐标。

（5）综合最短路径图中边界点的模拟坐标及非边界点的低维流形坐标，得到完整的高光谱影像低维流形图。

（6）通过模拟流形坐标与相邻同类地物的流形坐标和模拟流形坐标的重构光谱曲线与实际光谱曲线对比分析，评价模拟流形坐标的准确性。

3.3.3　实验分析

实验选取不同区域的 HYDICE 和 AVIRIS 高光谱数据集,分别对比模拟流形坐标与实际流形坐标和模拟流形坐标的重构光谱曲线与实际光谱曲线,综合验证 PLS 方法修复流形坐标的准确性和可靠性。

1. 实验数据

HYDICE 数据来自美国普渡大学遥感应用实验室网站,是华盛顿特区库尔兹桥附近的高光谱影像,大小为 100×100 像素(图 3-4)。数据采集于 1995 年 8 月 23 日,共 210 个波段,波长范围为 $0.4 \sim 2.4\ \mu m$,覆盖可见光至近红外区域。$0.9 \sim 1.4\ \mu m$ 间的波段由于大气窗口原因而删去,剩余 191 个波段。从图 3-4 可以看出,实验区内主要有树木、草地、道路和水体四种地物,各地物的光谱曲线差异较大,如图 3-5 所示。

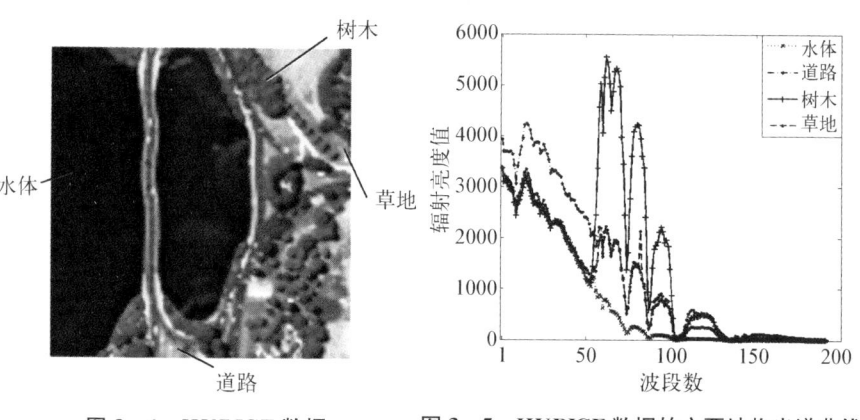

图 3-4　HYDICE 数据　　　图 3-5　HYDICE 数据的主要地物光谱曲线

AVIRIS 数据来自美国德克萨斯大学奥斯汀分校数据网站,是福罗里达州肯尼迪空间中心附近的高光谱数据,大小为 115×116 像素(图 3-6)。数据采集于 1996 年 3 月 23 日,共 224 个波段,光谱分辨率为 10 nm,波长范围为 $0.4 \sim 2.5\ \mu m$,空间分辨率为 18 m。除去水汽吸收和低信噪比波段,剩余 176 个波段。从图 3-6 看出,实验区内有岛屿和水体两种地物,二者光谱曲线差异很大(图3-7),其中光谱曲线跳变是由去除水汽吸收和低信噪比的波段引起。

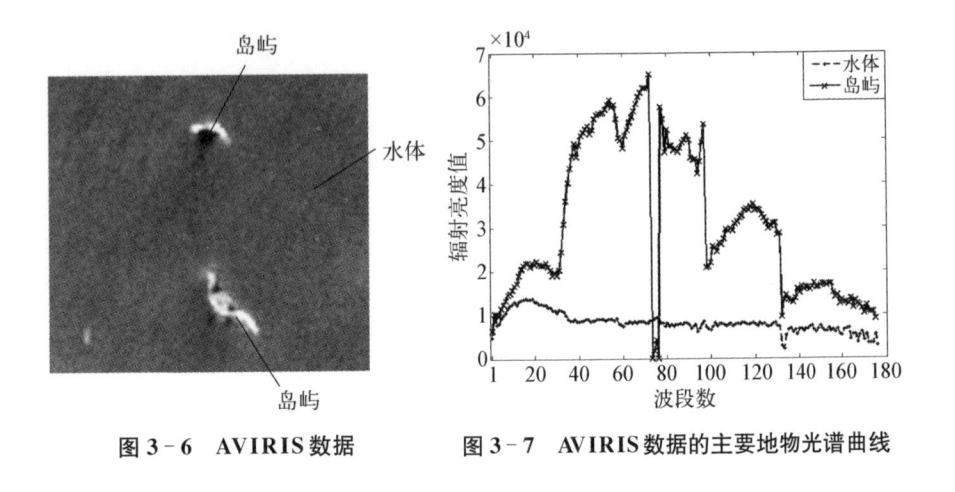

图3-6　AVIRIS数据　　　　图3-7　AVIRIS数据的主要地物光谱曲线

2. 实验过程

设定邻域k的取值区间都为$[2,30]$,对候选k值,搜索各像素的邻域并构建最短路径图,得到最短路径长度和曲线,如图3-8所示。选取曲线"拐点",确定 HYDICE 和 AVIRIS 高光谱数据的最佳邻域大小分别为 7 和

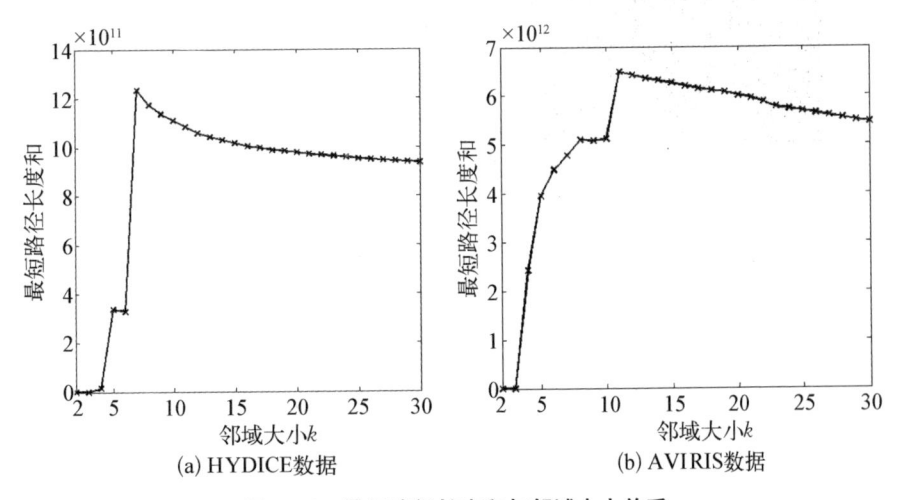

(a) HYDICE数据　　　　　　(b) AVIRIS数据

图3-8　最短路径长度和与邻域大小关系

11。同时,选取高光谱影像的本征维数 d 选值区间为 $[2,12]$,对每个候选 d,利用 MDS 降维最短路径矩阵,得到非边界点的 d 维流形坐标及降维残差曲线(图 3-9)。

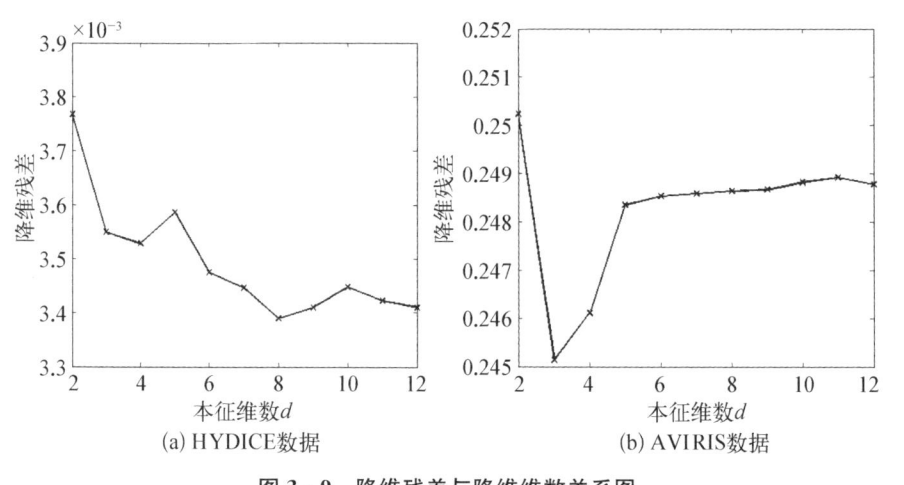

(a) HYDICE数据　　　　(b) AVIRIS数据

图 3-9　降维残差与降维维数关系图

图 3-9 中,选取重构曲线的"拐点",确定 HYDICE 和 AVIRIS 数据集的本征维数分别为 4 和 3。Isomap 作为数据驱动方法,两种数据降维残差曲线的不同是由两个高光谱数据的自身差异导致。

考虑图谱稳定性,最短路径图忽略较小数目连接边的边界点。因此,根据 d 选取的降维结果是非边界点的流形坐标,而边界点的流形坐标遗失,以致流形图出现许多空值点(图 3-10 标签所示为 0 值)。将非边界点的流形坐标看作 RV 的观测矩阵,相应的光谱向量看作 EV 的观测矩阵,提取 EV 和 RV,采用 PLS 算法,建立非边界点的流形坐标与光谱向量间的回归关系式。流形坐标的维数对应回归方程的个数,所以 HYDICE 和 AVIRIS 数据的回归方程个数分别为 4 和 3。由于参数过多,表 3-1 仅列举回归方程的部分参数,包括常数项 a_0 及前 10 维向量的回归参数。

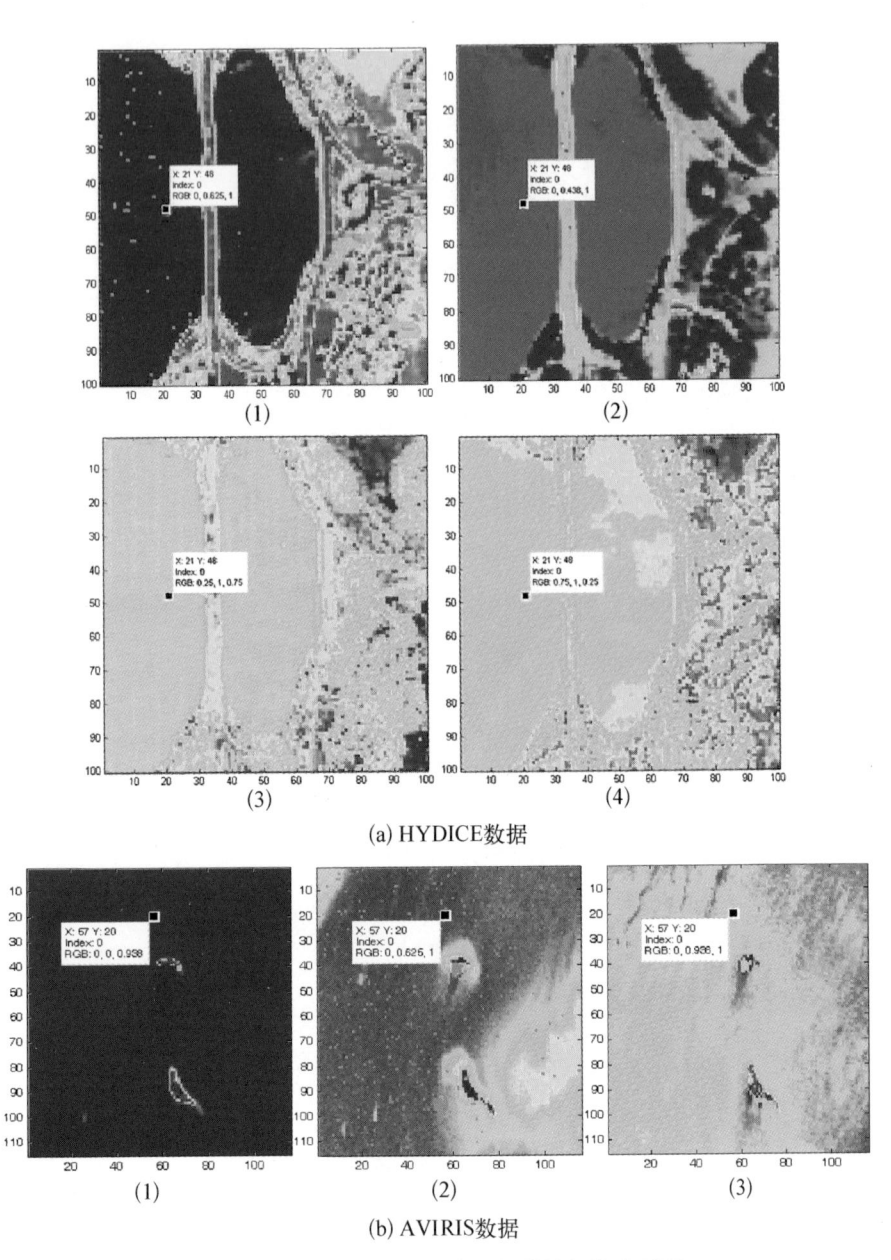

(a) HYDICE数据

(b) AVIRIS数据

图 3‐10　最短路径边界点修复前的低维流形图

表 3‑1　回归方程部分参数及相对误差

| | HYDICE 数据 | | | | AVIRIS 数据 | | |
	方程 1	方程 2	方程 3	方程 4	方程 1	方程 2	方程 3
a_0	−43 058	25 751	−16 975	18 736	−255 740	−23 450	−86 620
a_1	−0.840 8	−0.730 4	−0.590 9	−0.907 2	−1.038 1	−1.074 5	1.477 2
a_2	0.504 7	−0.153 4	0.482 1	−0.519 9	−1.072 8	−1.154 1	1.577 9
a_3	1.265	0.158 4	1.073 2	−0.223 2	−0.971 1	−1.008	1.483 7
a_4	0.799 6	−0.050 6	0.691 9	−0.333 8	−0.600 8	−0.634	1.113 9
a_5	0.611	−0.123	0.523 8	−0.352 1	−0.406	−0.394 9	0.877 7
a_6	0.643 5	−0.104 1	0.551 8	−0.302 2	−0.298 8	−0.252 5	0.737 1
a_7	0.511 5	−0.165 9	0.433 2	−0.315 9	−0.194 8	−0.114 5	0.598 3
a_8	0.682 9	−0.106 3	0.571 6	−0.259 7	−0.109 7	−0.005 7	0.470 4
a_9	0.814 4	−0.071 5	0.671 7	−0.217 2	−0.068 5	0.057 2	0.397 9
a_{10}	0.537 7	−0.143 2	0.444 2	−0.223 7	0.037 4	0.170 4	0.255 8
相对误差	1.62%	2.77%	3.64%	4.74%	4.28%	5.74%	5.76%

其中,PLS 算法中交叉有效性阈值为 0.097 5,EV 选取前 3 维成分 $t_{(1)}$、$t_{(2)}$ 和 $t_{(3)}$,各成分关于 EV 和 RV 的累计解释能力如表 3‑2 所示。从表 3‑2 可以看出,当取 3 个主成分时,两组数据中 $t_{(1)}$、$t_{(2)}$ 和 $t_{(3)}$ 对 EV 和 RV 的累计解释能力分别达到 95% 和 96% 以上,均达到较高的解释水平,说明回归方程能概括高光谱向量的大部分信息。

表 3‑2　各成分对 EV 和 RV 的累计解释能力

| | HYDICE 数据 | | | AVIRIS 数据 | | |
	$t_{(1)}$	$t_{(2)}$	$t_{(3)}$	$t_{(1)}$	$t_{(2)}$	$t_{(3)}$
光谱向量(EV)	0.962 5	0.952 5	0.956 7	0.986 3	0.972 4	0.933 5
流形坐标(RV)	0.958 5	0.962 1	0.954 2	0.956 2	0.942 1	0.921 4

同时,比较非边界点的模拟流形坐标与真实流形坐标,得到回归方程相对误差。表 3‑1 中各回归方程的相对误差都较小,满足遗失点的流形坐标修复需求。将边界点的光谱向量代入回归方程中,得到模拟流形坐标,整合得到低维流形图,如图 3‑11 所示。相比图 3‑10,低维流形图中空值点已全部消除。

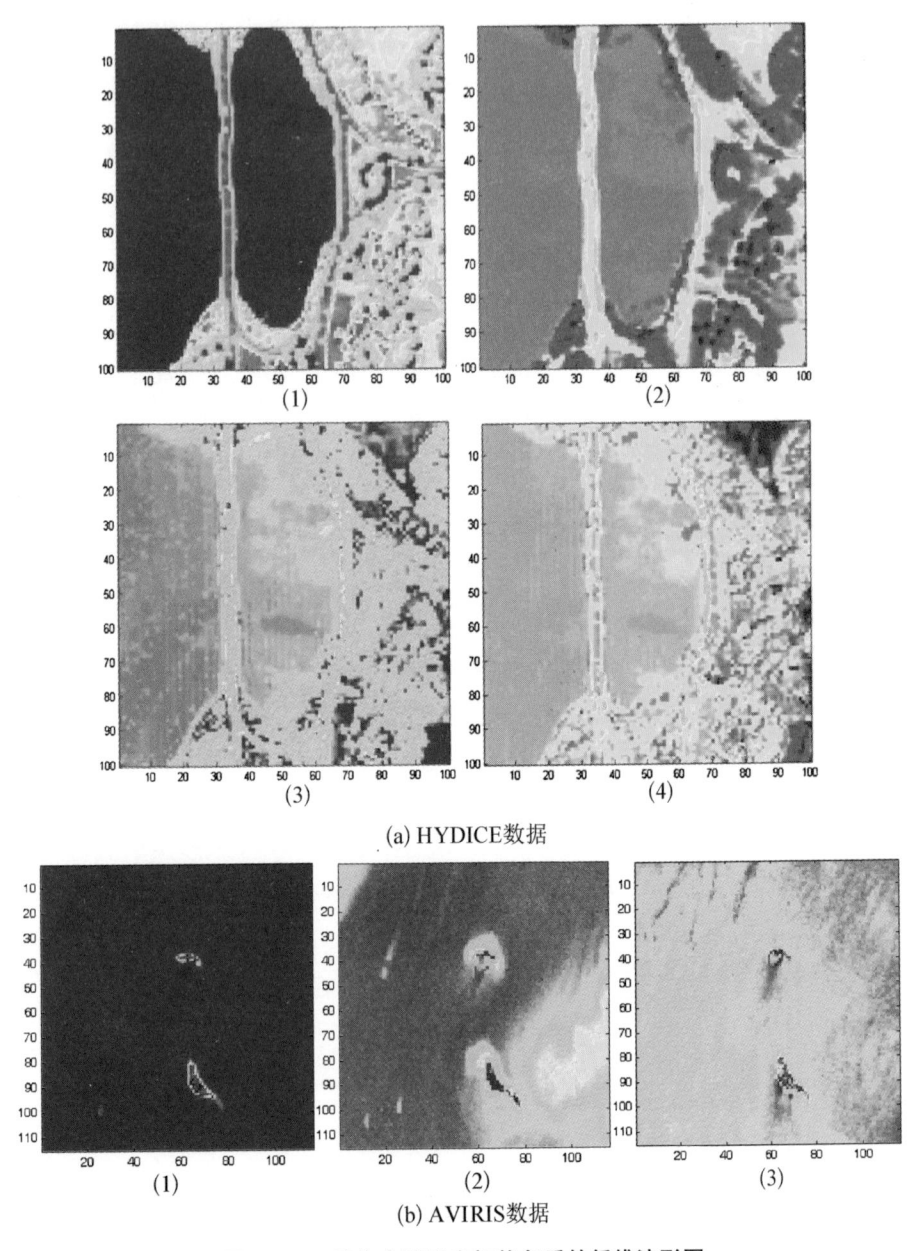

(a) HYDICE数据

(b) AVIRIS数据

图 3‐11　遗失点流形坐标修复后的低维流形图

3. 实验分析

为进一步分析 PLS 方法修复遗失点 Isomap 流形坐标的可靠性,通过向量相似性度量(杜培军等,2006)从两方面共同评价模拟低维流形坐标准确性。我们相似性度量采用向量夹角。

(1) 遗失点的模拟流形坐标与真实流形坐标对比

高光谱影像中同类地物光谱曲线相似,所以搜索邻域得到的同类地物流形坐标应非常相近。因此,可以将其相邻同类地物的流形坐标作为遗失点的坐标真值。

HYDICE 和 AVIRIS 数据中,各地物的遗失点的模拟坐标与相邻同类地物的坐标对比如图 3-12 所示。从图 3-12(a)可以看出,四种地物的模拟坐标与实际坐标都较为吻合;水体两种坐标最接近,其次是道路,然后是草地,最后是树木。图 3-12(b)中,相比岛屿,水体模拟坐标与实际坐标更为接近。这与表 3-3 中结论相一致,各地物模拟与实际坐标的光谱角都较小,这说明模拟坐标与实际坐标吻合较好。进一步观察发现,不同地物的模拟坐标与实际坐标间的差异不同。这是由 PLS 算法决定的,由于 HYDICE 和 AVIRIS 数据中的水体分布面积最大,观测值最多,所以回归方程针对水体效果最好。

表 3-3　主要地物遗失点的模拟流形坐标与实际流形坐标的光谱夹角

地物类别	HYDICE 数据				AVIRIS 数据	
	水　体	道　路	树　木	草　地	岛　屿	水　体
光谱角	1.61°	3.50°	4.22°	2.81°	3.64°	1.79°

(2) 模拟流形坐标的重构光谱向量与实际光谱向量对比

另一种评价方法是通过流形重构得到重构光谱向量,并与实际光谱向量对比。Isomap 稳健流形重构函数可实现流形映射的有效重建,且具有计算速度快、抗噪效果好等优势(孟德宇等,2010),因此我们采用稳健流形重

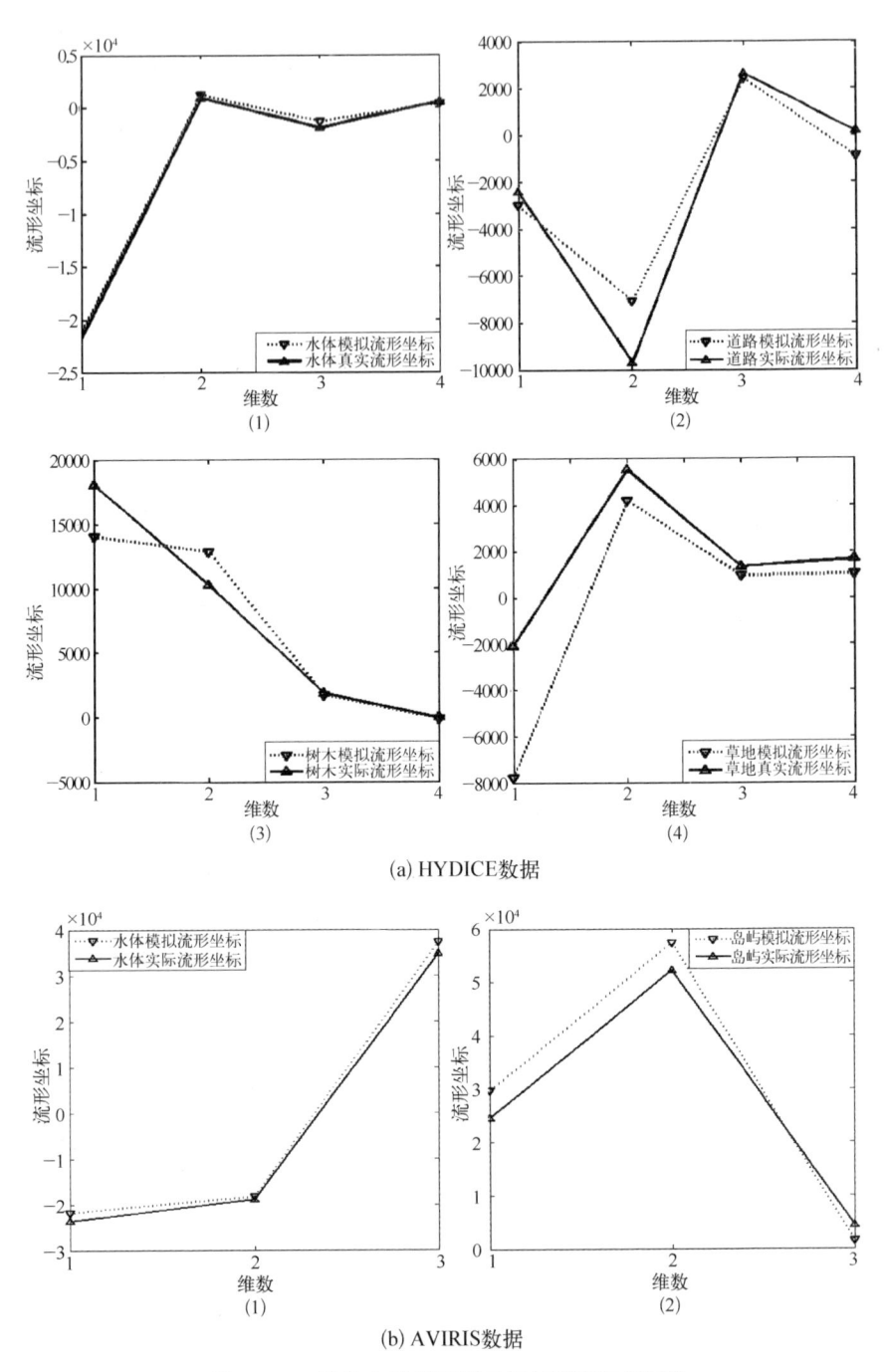

(a) HYDICE数据

(b) AVIRIS数据

图 3-12 遗失点模拟流形坐标与实际坐标对比

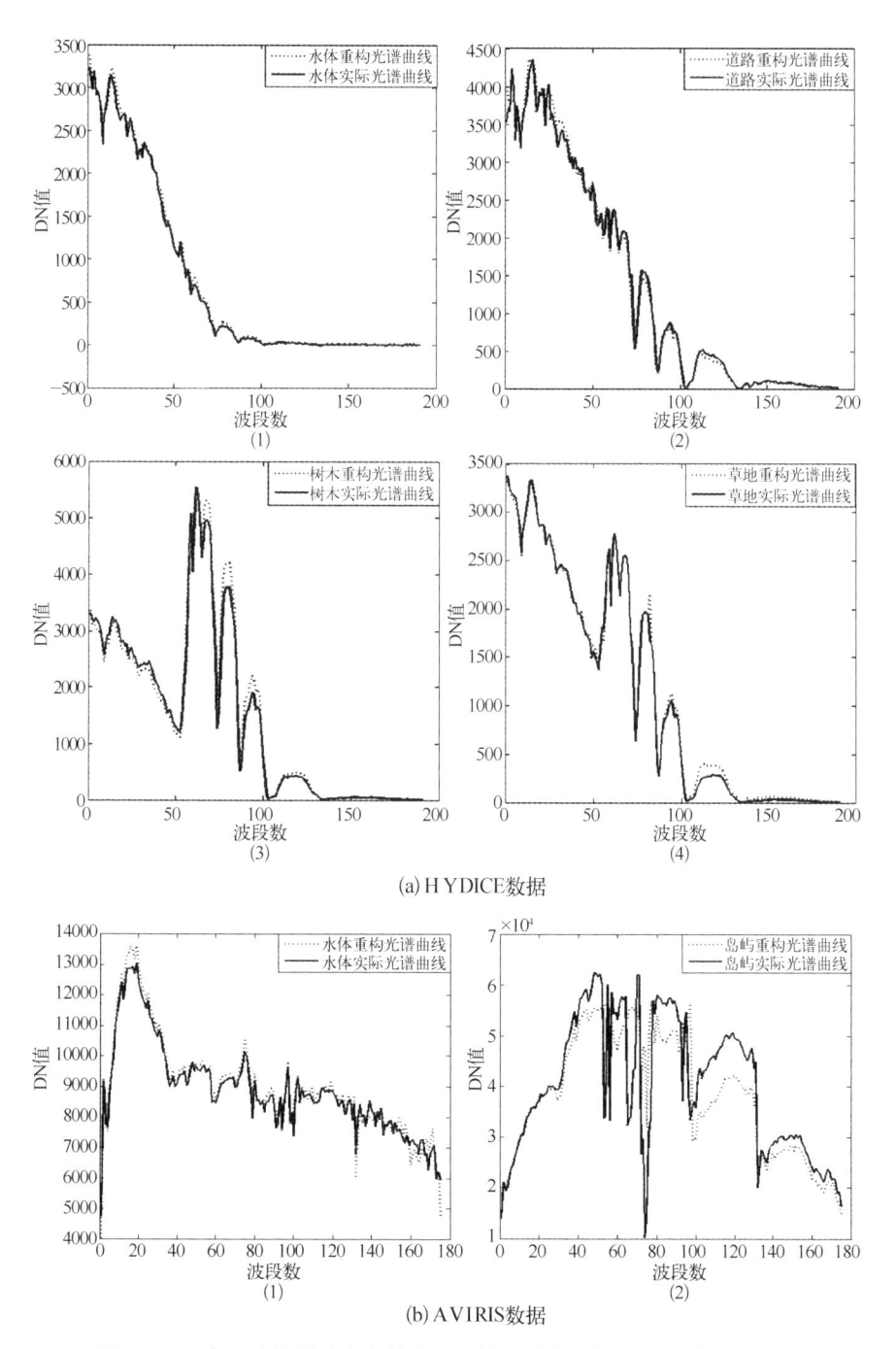

(a) HYDICE数据

(b) AVIRIS数据

图 3 - 13　主要地物的遗失点的流形重构光谱曲线与实际光谱曲线对比

建方法得到高维重构光谱向量。

利用遗失点的模拟坐标,代入重构函数,得到重构光谱向量。遗失点的重构与实际光谱曲线对比如图 3-13 所示。从图 3-13(a)可以看出,水体的重构光谱曲线与实际最接近,其次是道路,然后是草地,最后是树木。图 3-13(b)中,水体的重构光谱曲线与实际最为吻合;岛屿重构光谱曲线与实际曲线较水体差些,但整体较为吻合,仅在被移除波段附近效果稍差。同样,表 3-4 中流形重构光谱向量与实际向量的光谱角也证实了这一结论。更进一步发现,以上与图 3-12 及表 3-3 中的结论一致。

表 3-4 主要地物遗失点的重构光谱向量与实际光谱向量间光谱角

地物类别	HYDICE 数据				AVIRIS 数据	
	水 体	道 路	树 木	草 地	岛 屿	水 体
光谱角	1.86°	2.79°	3.02°	2.15°	5.73°	1.66°

总结以上,针对 HYDICE 和 AVIRIS 两种不同的高光谱数据集,通过对比遗失点的模拟流形坐标与相邻同类地物的流形坐标,以及流形重构光谱向量与实际光谱向量,结果证明 PLS 能很好修复遗失点的流形坐标,尤其对影像中占大面积比例的地物效果最好。

3.4 高光谱影像低维流形特征提取

低维流形特征是隐含于高光谱影像内部或在原始中难以区分却通过低维流形图凸显或区分能力增强的地物特征。高光谱影像的 Isomap 流形坐标的光谱意义解释可以看出,流形坐标代表某一波段区间的地物的光谱曲线特征,同一维流形坐标差异反映各地物在该对应波段上的光谱特征差异。实验证明,Isomap 降维能够明显增加各地物的光谱特征间的区分能力

(Bachmann 等,2005)。因此,目标地物的流形特征的提取依赖于目标地物特征与其他地物特征的光谱差异,并将通过流形坐标来进行差异放大。这是采用 Isomap 提取低维流形坐标的主要思路。同时,偏最小二乘方法能够修复高光谱影像 Isomap 降维中最短路径图中边界点的流形坐标遗失问题,这为从流形图中提取低维流形特征提供了数据保证。

3.4.1　Isomap 降维的参数选取

Isomap 应用到高光谱影像中,像素和波段的个数分别是高维空间的样本点和维数。作为数据驱动降维方法,高光谱影像数据特性决定其低维流形特征,而参数配置影响低维流形的特征提取。因此,需要根据影像自身特性来确定参数,包括邻域大小 k 和本征维数 d,并考虑降维后遗失点的补偿问题,最终提取高光谱影像的 Isomap 低维流形特征。

1. 邻域大小 k 的选取

k 的选取依赖于高光谱影像数据本身,不同 k 构成不同的邻域图,引起最短路径长度和发生变化。若 k 过小,邻接图不连通,低维流形成为不连通聚类,最短路径长度和很小;随着 k 递增,最短路径长度和陡增,不连通聚类逐渐减少;随着 k 持续增大,最短路径长度和平稳下降,逐渐逼近测地线距离,构建的低维流形逐渐逼近实际流形。因此,我们采用基于最短路径长度和的 k-邻域确定方法(Shao 和 Huang,2005b)。首先根据经验值选取 k 的取值区间;其次,对 $k_i \in [k_{\min}, k_{\max}]$,求最短路径长度和 $Sum_D(K) = \sum d_G(i, j)$,其中 $d_G(i, j)$ 任意两点 i, j 间的最短路径;最后,选取"拐点"对应的 k 为最佳邻域 k。

2. 本征维数 d 的选取

本征维数 d 体现高光谱影像的低维本质,是影响低维流形特征选取的重要指标。高光谱影像 Isomap 降维能够保持降维前后各像素间的测地距离基本不变,并在低维流形上实现各地物的有效区分。本征维数定义过低,会导致重要地物信息丢失;相反,定义过高则会导致降维结果的噪声增大,影响地物识别的准确性。由于成像机理复杂且地物分布差异很大,高光谱影像本征维数没有先验知识。本征维数估计方法分为先验式和后验式。先验式如极大似然估计及包数法等,都基于统计或几何计算理念,不同方法的估计值不同;后验式方法如残差估计法是根据残差阈值或曲线拐点来确定本征维数。

相比先验式方法,后验式方法与 Isomap 算法本身密切相关,如剩余方差法。剩余方差法已经在人脸图像、手写字母图像等数据的 Isomap 降维处理中表现出很好优势,能够发掘高维数据的低维本质,而且得到的本征维数与实际保持一致(Lee 等,2004;Wen,2009)。因此我们采用剩余方差法估计高光谱影像的本征维数(Tenenbaum 等,2000)。

3. 降维后遗失点的流形坐标补偿

Isomap 降维中,最短路径图的边界点通常被忽略,因而没有流形坐标。常规 Isomap 降维采用训练集,边界点遗失对结果影响不大。而高光谱影像的每一维流形坐标是一幅图像,因此需要补偿遗失点的流形坐标。我们采用数学模拟的方法,采用偏最小二乘算法(PLS)模拟修复最短路径图中边界点的流形坐标。

3.4.2　Isomap 提取低维流形特征的流程

采用 Isomap 降维高光谱影像,通过观察对比 Isomap 流形坐标和光谱特征的变化趋势来解释每一维流形坐标的光谱含义。通过 PLS 方法修复最短路径边界的遗失点流形坐标,然后从低维流形图中提取得到非线性低维流形特征。Isomap 提取高光谱影像中低维流形特征的过程如图 3 - 14 所示,包含以下几个步骤:

(1)通过设置主要参数如邻域大小 k 和本征维数 d,利用 Isomap 降维得到低维流形坐标,并利用 PLS 修复降维中遗失点的流形坐标;

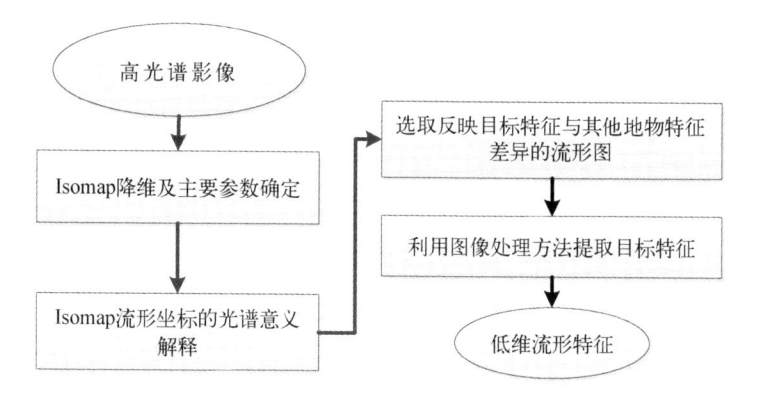

图 3 - 14　Isomap 低维流形特征提取流程

（2）解释 Isomap 低维流形坐标对应的光谱意义，建立流形坐标与对应波段区间的光谱特征的对应关系；

（3）分析目标地物特征与其他地物特征的光谱差异，找到对应的高光谱影像低维流形图；

（4）利用经典图像处理方法从低维流形图中提取目标特征。

3.5　实 验 分 析

利用 PHI 和 AVIRIS 两个高光谱影像数据集，通过提取高光谱影像内部的低维流形特征如阴影区域和靠岸浅水区域，综合验证高光谱影像的低维流形坐标的光谱意义解释的正确性和可靠性。

3.5.1　实验数据

PHI 数据是上海技术物理研究所 2003 年的 PHI - 3 高光谱数据，共124 个波段，光谱范围为 408.95～985.20 nm，涵盖可见光至近红外范围。数据的光谱分辨率为 5 nm，空间分辨率为 2.4 m×2.4 m。由于 Isomap 算法

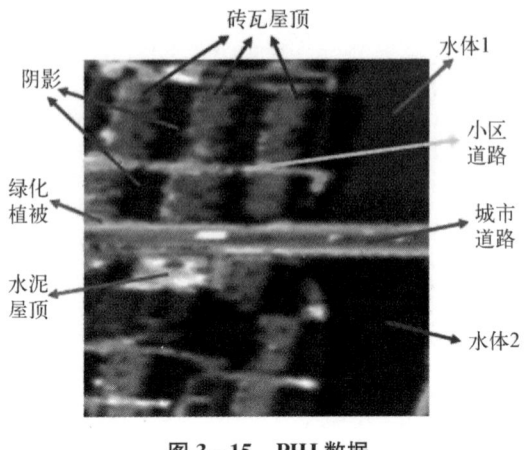

图 3 - 15　PHI 数据

的计算复杂度达 $O(N^3)$，所以选择其中较小区域进行分析，范围为南码头路与白莲泾附近区域（图 3 - 15），大小为 100×100 像素，主要有阴影、城市道路、小区道路、砖瓦屋顶、水泥屋顶、绿化植被及河流七大类。阴影及各主要地物光谱曲线如图 3 - 17 所示。

AVIRIS 数据来自德克萨斯大学奥斯汀分校遥感小组，获取于 1996 年 3 月 23 日，是美国 NASA 的肯尼迪空间中心附近的 AVIRIS 高光谱影像。数据共有 224 个波段，光谱分辨率为 10 nm，光谱范围为 400～2 500 nm，空间分辨率为 18 m。经过预处理移除水汽吸收及低信噪比波段，最终剩下 176 个波段。由于 Isomap 算法的计算复杂度达 $O(N^3)$，所以选择较小的区域进行分析，大小为 116×115 像素，包含岛屿和水体两种主要地物，如图 3 - 16 所示。

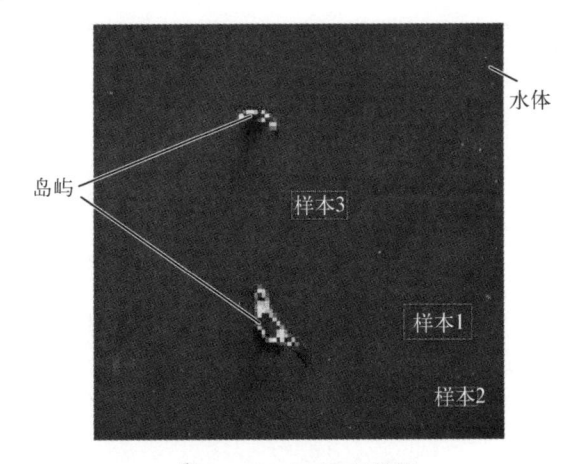

图 3 - 16　AVIRIS 数据

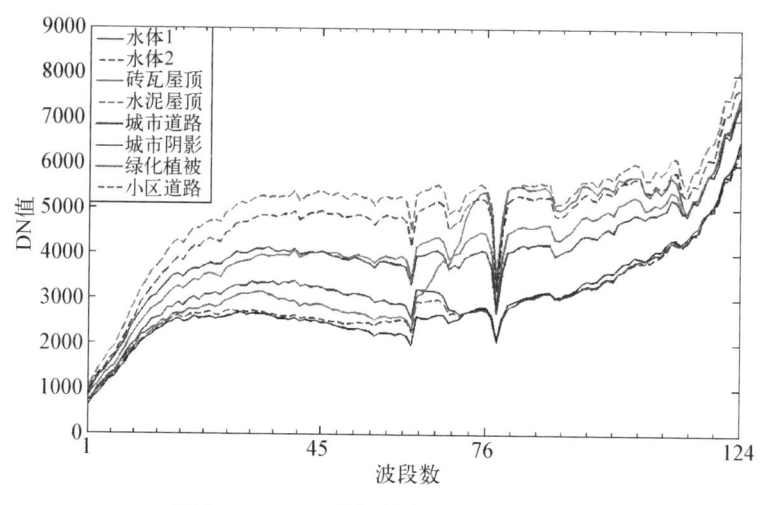

图 3 - 17　PHI 数据的主要地物光谱曲线

3.5.2　阴影区域提取

实地调查发现,白莲泾靠近南码头路附近河段(水体 2)水质受到污染,光谱特性发生变化。同时,从图 3 - 17 的 PHI 数据中各地物的光谱曲线可以看出,1—45 波段中,水泥屋顶、小区道路、砖瓦屋顶和城市道路光谱特征能够相互区分,而其他地物尤其水体 2 与阴影光谱特征非常接近而难以区分。在 46—76 波段中,各地物光谱曲线走势较为相似,在 62 和 69 波段存在"波谷"并在 64—67 波段出现"平台",光谱特征表现更多细节差异;其中水泥屋顶与小区道路光谱特征较为相近;砖瓦屋顶和城市道路相比 1—45 波段区别明显;阴影光谱辐射值最低,然而与水体 2 和水体 1 的区分能力相比 1—45 波段增强,虽然仍较为相似;植被的光谱特征与其他地物区别最大。在 77—124 波段中,植被光谱曲线仍明显区别于其他地物;虽然大多数地物间的光谱特征依然能够相互区分,然而阴影与水体 1 和水体 2 的光谱曲线基本重合而难以区分。阴影与水体 2 的"异物同谱"现象,在原始高光谱影像中无法进行区分。因此,我们将采用 Isomap 降维,根据流形坐标的光谱意义解释,选取最大区分阴影与其他地物的流形图来提取 PHI 数据中的阴影区域。

将各地物光谱曲线进行一维中值滤波处理,消除噪声并方便后续的观察分析。通过 Isomap 降维,得到 PHI 数据的低维流形坐标,其中邻域大小为 7。剩余方差曲线如图 3-18 所示,由于从第 3 维开始,剩余方差的变化不大,因此选取为降维的目标维数为 3 维,即本征维数为 3(红色圆点所示)。采用 PLS 修复最短路径图中遗失点的流形坐标,得到完整的低维流形图,如图 3-19 所示。

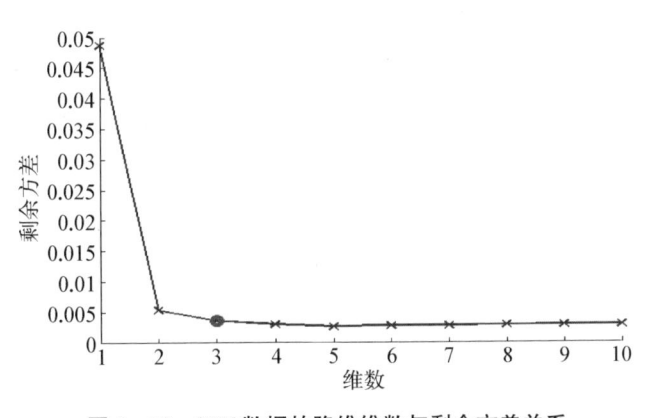

图 3-18　PHI 数据的降维维数与剩余方差关系

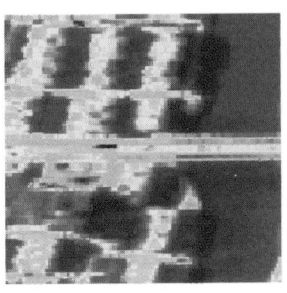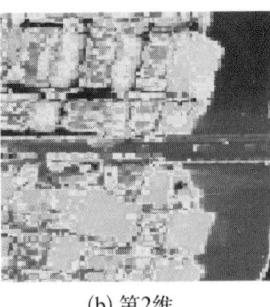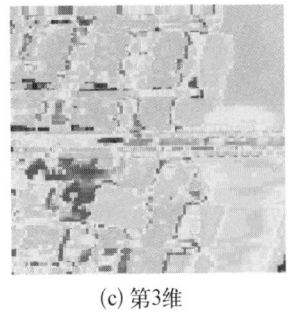

(a) 第1维　　　　　　　　(b) 第2维　　　　　　　　(c) 第3维

图 3-19　PHI 数据的 Isomap 低维流形

采用高光谱影像流形坐标的光谱意义解释方法,观察和对比这 3 维流形坐标向量与对应的光谱曲线特征的变化趋势,其中流形坐标分布的矩形

划分为 10×10。观察发现,随着第 1 维流形坐标增加,1—45 波段的光谱曲线呈整体上升趋势;随着第 2 维流形坐标增加,对应的 46—76 波段的光谱 DN 值渐次增加;77—124 波段的光谱 DN 值增加方向与第 3 维流形坐标的增加方向是一致的。因此,第 1 维流形坐标反映 1—45 波段的光谱特征,第 2 维流形坐标反映 46—76 波段的光谱特征,第 3 维流形坐标描述 77—124 波段的整体光谱特征,而且同一维流形坐标的差异反映各地物在该波段光谱特性的差异。

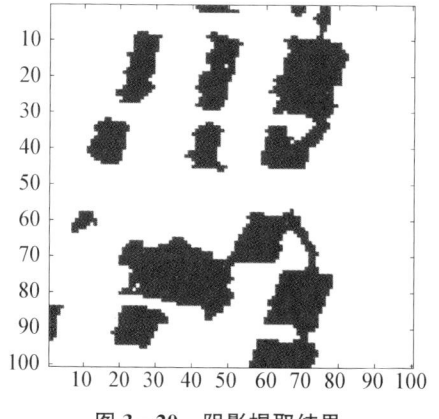

图 3 - 20　阴影提取结果

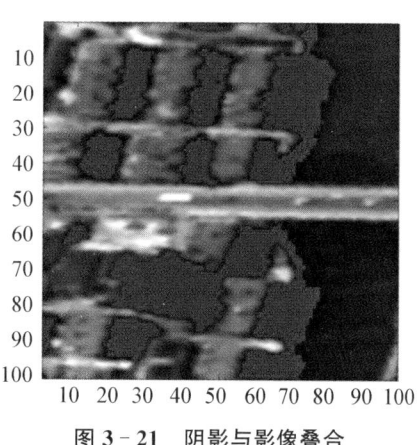

图 3 - 21　阴影与影像叠合

由于第 2 维流形坐标反映波段 46—76 间的光谱特征,而阴影与水体 2 及其他地物在该波段中光谱特征区别最大,并通过 Isomap 降维将区别扩大[图 3 - 19(b)],因此选取第 2 维流形图来提取阴影,实现阴影与水体 2 的有效区分。采用边缘提取算法及形态学算法,最终得到提取的阴影区域(图 3 - 20),并与图 3 - 21 的实际影像叠合,发现二者基本吻合。

3.5.3　靠岸浅水区域提取

从图 3 - 22 的 AVIRIS 数据的各地物的光谱曲线可以看出,岛屿与水体的光谱特征差异非常明显。由于实验区域靠近岸边,水底存在礁石,靠近岸边区域水底地形较高，水体较浅，但肉眼仍无法识别出浅水区域。水体内部的不均衡性导致光谱发生细微变异，这从图 3‑22 可以看出，区域 1（样本 1）和区域 2（样本 2）的水体光谱曲线与离岸水体（样本 3）的光谱曲线存在差异，尤其在波段 1—36 间差异较为明显。然而，相比水体内部的细微差异，水体与岛屿的光谱曲线差异尤为明显，所以水体内部的光谱差异往往被湮没而忽略，无法确定浅水区域。因此采用 Isomap 降维，通过解释流形坐标的光谱含义，选取保留细微差异的低维流形图来提取浅水区域。

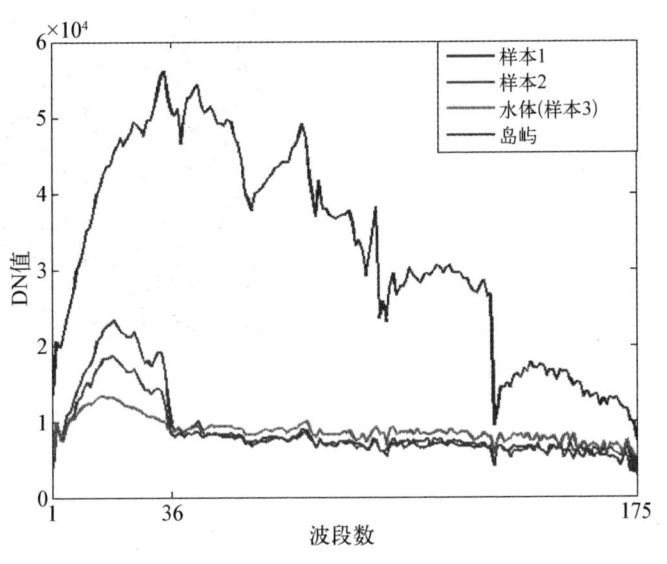

图 3‑22　AVIRIS 数据的主要地物光谱曲线

　　将各地物的光谱曲线进行 1 维中值滤波处理来消除噪声以方便后续观察分析。通过 Isomap 降维，得到对应的低维流形坐标，其中邻域大小为 12。图 3‑23 为剩余方差曲线，由于从第 2 维开始，剩余方差的变化不太明显，因此降维的目标维数为 2 维，即本征维数为 2（红色圆点所示）。同时，采用偏最小二乘方法（PLS）来修复最短路径图中遗失点的流形坐标，得到完整的低维流形图，如图 3‑24 所示。

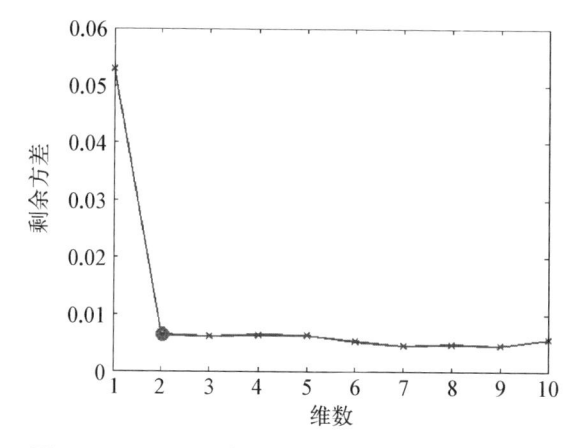

图 3‑23　AVIRIS 数据的降维维数与剩余方差关系

(a) 第1维　　　　　　　　　　　　　(b) 第2维

图 3‑24　AVIRIS 数据的 Isomap 低维流形

采用高光谱影像流形坐标的光谱意义解释方法,观察和对比以上流形坐标向量与对应的光谱曲线特征的变化趋势,其中流形坐标分布的矩形划分为 10×10。观察发现,随着第 1 维流形坐标增加,37—175 波段的光谱曲线呈整体上升趋势;随着第 2 维流形坐标的增长方向与 1—36 波段的光谱DN 值增长方向相同。因此,第 1 维流形坐标反映 37—175 波段的光谱特征,第 2 维流形坐标反映 1—36 波段的光谱特征,而且同一维流形坐标的差异反映各地物在该波段光谱特性的差异。而且,从图 3‑24 明显看出,第 1

维流形图能够明显区分出岛屿与水体,而无法反映水体内部的光谱细微差异;而第 2 维流形图中,除能够显现岛屿与水体的光谱差异外,而且水体内部浅水区域也明显凸显出来。这些与以上流形坐标的光谱信息解释保持一致。

由于第 2 维流形坐标反映波段 1—36 间的光谱特征,而水体内部以及水体与岛屿的光谱间存在差异,这些细部差异通过 Isomap 降维将差异扩大[图 3 - 24(b)],因此选取第 2 维流形图提取浅水区域。采用边缘提取算法及形态学算法,得到最终的靠岸浅水区域提取结果(图 3 - 25)。

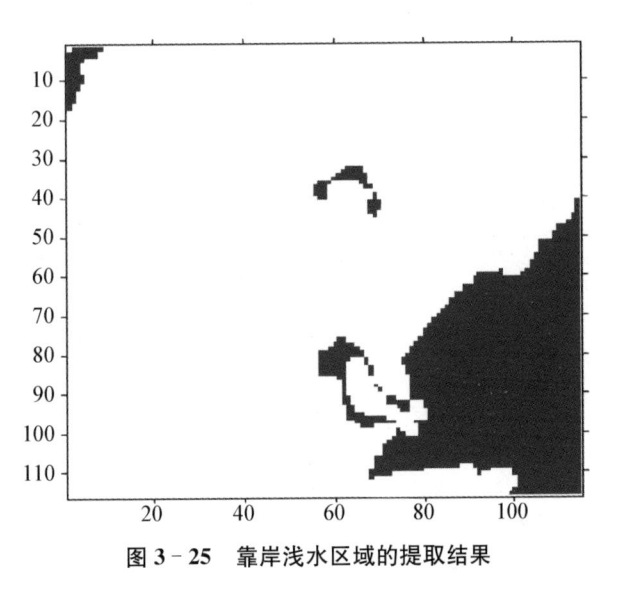

图 3‐25　靠岸浅水区域的提取结果

3.5.4　讨论

基于 PHI 数据和 AVIRIS 数据两个高光谱数据集,以上两个实验利用流形坐标的光谱意义解释方法,采用 Isomap 降维来挖掘影像内部的低维流形结构,并利用流形图提取得到原本难以辨识的地物特征。这些结果验证了高光谱影像的低维流形坐标解释的正确性与合理性,同时也间接证明了偏最小二乘方法用于修复 Isomap 降维中最短路径图中遗失点的流形坐标的可行性。然而,由于 PHI 数据和 AVIRIS 光谱数据集采用剩余方差法估计得到的本征维数都不超过 3 维,实验中并未采用 3 维以上的流形坐标来解释其光谱意义。事实上,流形坐标的维数太高将会导致观察和对比流形坐标与光谱特征变化趋势的工作变得更加复杂。因此,下一步需要研究 3 维以上的流形坐标的光谱意义解释,进而进一步验证本书提出的方法。

3.6　本章小结

由于高光谱影像低维潜在变量的先验知识缺失,本章以 Isomap 方法为例,提出通过观察和对比流形坐标与对应的光谱曲线特征的方法来解释低维流形坐标的光谱意义,建立 Isomap 流形坐标与影像中各地物光谱特征的对应关系。同时,考虑到由于最短路径稳定性问题导致 Isomap 低维流形图中少量流形坐标的缺失问题,我们采用偏最小二乘(PLS)方法来模拟修复遗失点的流形坐标。利用 HYDICE 和 AVIRIS 数据集,通过比较遗失点的模拟流形坐标与实际流形坐标和遗失点的重构光谱向量与实际光谱向量来验证 PLS 方法修复遗失点的流形坐标的可靠性和正确性。在此基础上,基于流形坐标的光谱意义解释,选取目标地物特征与其他地物特征差异最大的 Isomap 低维流形图,来提取目标地物的低维流形特征。通过 PHI 和 AVIRIS 高光谱数据集的两个应用实例,证明 Isomap 低维流形图能够扩大地物间的细微光谱差异并用于提取原本难以辨识的低维流形特征,最终验证流形坐标的光谱意义解释的正确性。

第4章

两种流形坐标差异提取高光谱影像的
潜在特征

4.1 引　言

　　如第 3 章所讲,流形学习方法能够契合高光谱影像的非线性特性来实现降维,得到的每一维流形坐标都能够获得明确的光谱意义解释,即每一维流形坐标都继承一定波段区间内的地物的光谱特征。这使得学者们在挖掘高光谱影像的低维流形特征具有严格的理论支撑。流形学习方法众多,各自依赖的邻域结构不同以及利用邻域结构来构造全局的低维嵌入的方法不同,这些可能会引起不同流形学习降维结果所携带的地物的光谱特征信息产生差异。

　　当前研究只局限于单一流形学习方法,并未深入分析不同流形学习方法在高光谱影像降维中存在的深层次差异,即没有考虑过不同流形坐标所继承的高光谱影像中地物光谱特征的可能不同。因此,本章基于前一章节的低维流形坐标的光谱意义解释,采用 Isomap 和 LTSA 来降维高光谱影像数据,深入剖析这两种流形坐标所代表的地物光谱特征信息的差异,提出流形坐标差异图法来提取在单一流形学习方法的低维流形图上无法凸显的高光谱影像内部的潜在特征。这将进一步深化高光谱影像的流形学习降维理论,并为潜在特征提取提供一种新的研究方法。

4.2　流形坐标差异提取潜在特征的可行性分析

　　潜在特征反映高光谱影像数据中不明显或非典型的地物光谱信息。例如高光谱影像中,近河岸水域河床高度不同而由水体内部的细微光谱差异反映出来的深水和浅水区域;描述大范围沼泽地植被的 Hyperion 高光谱影像中,场景内的一条细长道路属于非典型性地物,空间分辨率较低通常较难提取;海水高光谱影像数据内部蕴含的低维潜在流形特征。低维流形特征是隐于高光谱影像内部或在原始影像中难以区分却通过低维流形图凸显或区分能力增强的地物特征。因此,低维流形特征是高光谱影像的潜在特征的一种,而潜在特征比低维流形特征的范围更加广泛。

　　潜在特征占地物信息的极小部分,但一直是高光谱影像分析中的热点,潜在特征的提取结果直接关系到后期应用如地质探测、环境监测和地面侦察等。高光谱影像的非线性特性引导学者们引入流形学习方法来研究潜在低维流形特征提取,目前已存在一些研究成果,如 Bachmann 和 Gills 利用 Isomap 来研究海洋低维流形特征(Bachmann 等,2005;Gillis 等,2005);Chen 和 Wang 等利用 Isomap 提取低维流形特征来研究分类(Chen 等,2005;Wang 等,2006);Ma 等利用 LTSA 提取高光谱影像的低维流形特征来研究异常检测问题(Ma 等,2010d)。

　　事实上,经过非线性流形学习降维,高光谱影像的低维流形坐标将继承原始影像中各地物的重要光谱信息。每一维的流形坐标都代表原始高光谱影像中的一定波段区间内的各地物的光谱特征信息。根据对高光谱影像数据的几何结构特性的保持效果不同,流形学习可分为全局法和局部法。全局法能够保持高光谱影像数据的整体几何结构特征在降维前后保持不变,如 Isomap 能够保持高光谱影像各像素点的测地距离基本保持不变。局部法能够保持像素点邻域内的局部几何结构,如 LTSA 通过像素点的邻域来逼近局部切空间,通过排列全部切空间来得到全局的流形坐标,进而保持各像素点的邻域的几何结构在降维前后不变。全局法和局部法都能通过降维来保留影像内部各地物的重要光谱特征信息,然而这两类方法的理论差异导致其低维流形坐标继承地物光谱特征信息的能力不同。对比这两类流形坐标可以反映其背后继承的光谱信息的差异,进而可以将原本在单一流形学习降维结果中无法显现的潜在特征进一步凸显出来。因此,在保证两种流形学习降维得到的每一维的流形坐标代表相同波段区间的地物光谱特征的基础上,通过流形坐标的数值对比可以得到两种流形坐标的差异图,进而可以在差图上凸显出两种流形坐标所继承的地物的光谱特征信息能力的不同。因此,基于流形坐标的光谱意义解释,研究两种流形坐标的差异用于提取高光谱影像的潜在特征是可行的。

4.3 流形坐标差异图提取
高光谱影像潜在特征

流形学习方法之间的理论差异导致其低维流形坐标继承地物光谱特征的能力不同,对比两种流形坐标可凸显出原始影像内部的其他潜在特征。高光谱影像流形学习降维中,Isomap 能够保持高维光谱空间中像素点间的测地距离与其对应点在低维空间的欧氏距离基本不变;LTSA 能够保持像素点邻域内的局部几何结构不变,尤其是图像的光谱边缘特征。鉴于

Isomap 和 LTSA 的显著理论差异，所以采用这两种方法来解释流形坐标差异图方法。然而本章提出的方法体系也适用于其他流形学习方法。

4.3.1　高光谱影像 Isomap 和 LTSA 降维

Isomap 和 LTSA 应用到高光谱影像降维中，像素和波段数分别是高维光谱空间的样本点和维数。通过选取合适的邻域大小 k 和本征维数 d，利用 Isomap 和 LTSA 方法得到各自的低维流形坐标。然而，邻域大小 k 和本征维数 d 的合理选取对流形学习的降维结果乃至后续的潜在特征提取影响很大，因此需要认真考虑以上参数的选取。同时，对于 Isomap 方法，高维空间中构建的最短路径图的少量边界点，在降维时通常被忽略而没有低维流形坐标。因此，采用 3.3 节提出的偏最小二乘（PLS）方法来修复最短路径图中遗失点的 Isomap 低维流形坐标。

1. 邻域大小 k 的选取

邻域 k 的选取依赖于高光谱影像数据，不同 k 构成不同的邻域图，最终引起邻域结构发生变化。当 k 过小时，邻接图将不连通，得到的低维流形成为不连通聚类；随着 k 递增，不连通聚类逐渐减少；如果 k 持续增大，则有可能使得邻域图有"短路边"连接属于不同分支的点对，进而造成低维嵌入结果的不稳定。

Isomap 和 LTSA 所采用的 k-邻域选取方式也不相同，如针对 Isomap 方法，可以采用最短路径距离和曲线的"拐点"的方法来选取最佳邻域 k（Shao 和 Huang，2005a），针对 LTSA 方法可根据曲率和采样密度等来自适应选取 k-邻域（Zhang 等，2007b）。以上方法虽然得到了一定范围内的测试，然而缺乏大规模数据的进一步实践验证。相比而言，交叉验证方法的设置思路最为简单，参数设置对实际结果影响最为直接，因此，我们采用交叉验证的策略，根据两种流形坐标的差异提取的潜在特征的结果来交互设定最佳邻域 k。

2. 本征维数 d 的选取

本征维数 d 体现高光谱影像的低维本质,很大程度上影响流形学习的降维结果。本征维数定义过低,会导致重要地物信息丢失;相反,定义过高则会导致降维结果的噪声增大,影响潜在特征提取的准确性。由于成像机理复杂且地物分布差异很大,高光谱影像本征维数没有先验知识。高光谱影像的本征维数估计方法分为先验式和后验式方法。先验式如极大似然估计及包数法等,都是基于统计或几何计算理念,不同方法得到的估计值不同。后验式方法如方差估计法是根据方差阈值或曲线拐点来确定本征维数。

Isomap 和 LTSA 能够发掘同时高维数据的低维流形结构,所以只需估计 Isomap 得到的低维嵌入的维数,作为高光谱影像的本征维数。Tenenbaum 提出基于剩余方差的后验式方法与 Isomap 的本质密切相关(Tenenbaum 等,2000),而且已经证明能够发现许多高维数据的流形结构,如手写数字图像和人脸图像(Yang,2002)。因此,我们采用剩余方差法来估计高光谱影像的本征维数 d。

4.3.2 两种流形坐标的光谱意义解释的统一

在利用 Isomap 和 LTSA 获得高光谱影像的两种低维流形坐标后,需要采用流形坐标的光谱意义解释方法来确保每一维的低维流形坐标代表相同的光谱特征信息。也就是说,Isomap 和 LTSA 流形坐标的对比依赖于两种流形坐标的每一维所代表的光谱意义解释一致,否则对比将没有理论基础而失去意义。因此,需要获取两种坐标每一维的光谱意义解释并匹配两种流形坐标,保证两种坐标的每一维对应相同的光谱意义解释。通过观察和对比发现,Isomap 和 LTSA 能够挖掘人脸图像及手写数字图像中相同的低维流形结构并具有相同的物理意义解释(Lee 和 Verleysen,2007)。

类似地,在 3.2 节中,我们采用观察对比流形坐标及光谱曲线的变化趋势的方法,得到每一维的流形坐标的光谱意义解释,并总结出高光谱影像的每一维流形坐标都代表影像中各地物在一定波段区间内的光谱特征。低维流形坐标的光谱意义解释的方法如下:将相邻两维流形坐标划为一组,整个流形坐标向量分为若干组;对每一组的流形坐标向量,通过二维空间分布展开,并设定一定数量且大小一致的矩形窗口来覆盖这两维的流形坐标分布;沿行或列方向来计算矩形窗口的光谱向量,将最接近平均光谱向量的像素点的光谱向量作为矩形窗口的光谱向量;沿行或列的方向观察分析矩形窗口间每一维流形坐标的变化并对比其对应的光谱曲线的变化趋势,归纳总结出这两维流形坐标对应的光谱特征。同时,考虑矩形窗口对总结得出的流形坐标的光谱意义解释存在影响,因此在二维流形坐标分布中随机选取几组采样点,对比分析采样点之间的流形坐标和光谱曲线变化趋势,辅助验证上述观察矩形窗口得到的光谱意义解释的结论。

4.3.3　两种流形坐标尺度和方向的统一

Isomap 和 LTSA 能够挖掘相同的高光谱影像的低维流形结构,每一维流形坐标代表影像中地物在相同波段区间的光谱特征。然而,由于两种流形学习方法的邻域结构不同及构造全局低维嵌入的方法也不同,因此二者的流形坐标的尺度存在很大差异,这从图 4 - 4(a)和 4 - 4(b)中可以看出。此外,从图 4 - 4 中可以看出,虽然两种流形坐标的每一维代表相同的光谱特征信息,然而每一维流形坐标的方向即它所代表的地物光谱特征的变化方向并不一致。因此,需要调整两种流形坐标的尺度及坐标轴方向,根据每一维坐标代表相同的光谱意义解释来确保 Isomap 和 LTSA 的流形坐标到统一的坐标框架下。

通过尺度变换和坐标轴方向调整统一两种流形坐标到相同的坐标系中。采用公式(4 - 1)将两种流形坐标统一至 0~1 之间,

$$N_{y_{ij}} = \frac{y_{ij} - \min(y_{.j})}{\max(y_{.j}) - \min(y_{.j})} \quad i = 1, \cdots, N; j = 1, \cdots, d$$

$$(4-1)$$

式中,$N_{y_{ij}}$ 是像素点 x_i 的第 j 个归一化流形坐标值;y_{ij} 是像素点 x_i 的第 j 个原始流形坐标值;$y_{.j}$ 是第 j 维流形坐标向量,N 和 d 是像素点个数和流形坐标的维数(即本征维数)。

此外,两种坐标的坐标轴方向并不一定一致。例如,表 4-1 中,Isomap 和 LTSA 流形坐标的第 1 维都代表波段 1—56 间的光谱信息,Isomap 流形坐标的变化方向与光谱值的变化趋势一致,而 LTSA 的流形坐标的变化方向却与光谱值的变化方向相反。因此,需要调整 LTSA 或 Isomap 的坐标轴的方向,保证两个流形坐标的坐标系统代表相同的光谱意义解释且光谱值的变化方向一致。流形坐标的坐标轴方向的调整可通过对比 Isomap 和 LTSA 的流形坐标所代表的光谱特征的变化趋势得到。此外,两种流形坐标的每一维具有相同的光谱意义解释,所以两种流形坐标的空间分布图非常相似,因此可对比归一化流形坐标的空间分布图的形状来实现坐标轴方向的调整。

4.3.4 流形差异图的计算及特征提取

在图像处理中,通常通过两幅图像的相减操作来获取它们之间的差异信息。然而,由于 Isomap 和 LTSA 的非线性特性和高光谱影像成像的复杂性,低维流形图的相减操作比常规图像更加复杂。因此,我们引入尺度因子 α 到 Isomap 和 LTSA 的流形坐标间的差异对比中,如公式(4-2)

$$D_i = N_{y_{Isomap}}(i) - \alpha \times N_{y_{LTSA}}(i) \qquad (4-2)$$

式中,D_i 代表第 i 维流形差异图,$N_{y_{Isomap}}(i)$ 和 $N_{y_{LTSA}}(i)$ 是 Isomap 和 LTSA 的第 i 维的归一化的流形坐标,α 为尺度因子,$0 < \alpha \leqslant 1$。

　　高光谱影像的每一维流形坐标中,流形坐标的内部差异反映其继承对应波段区间的地物的光谱特征差异。通过流形图的加权相减操作,原本在低维流形图中无法显现的潜在特征凸显于流形差异图中。进一步,采用经典的图像处理方法,提取得到所需的潜在特征。

4.3.5　流形坐标差异图提取潜在特征的流程

　　流形坐标差异图法利用 Isomap 和 LTSA 降维方法保留原始高光谱影像中地物的光谱特征差异来提取影像内部的潜在特征。流形坐标差异图用于提取潜在特征的流程如图 4 - 1 所示,具体包括以下步骤:

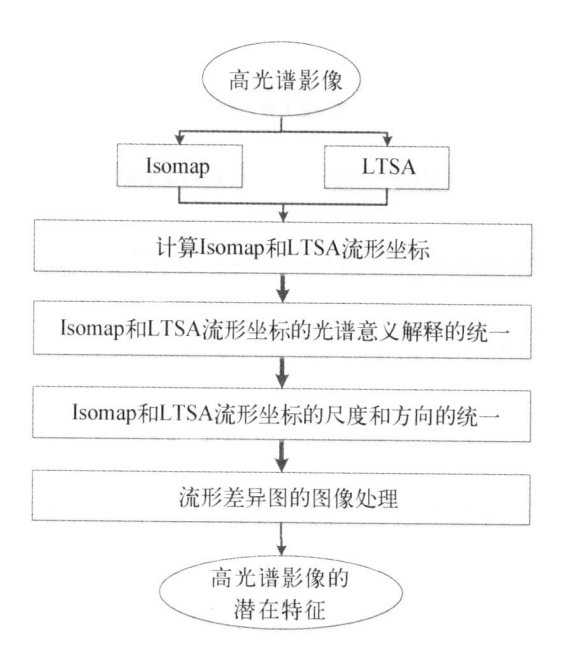

图 4 - 1　流形坐标差异图提取高光谱影像的潜在特征流程

　　(1) 选取合适的邻域大小 k 和本征维数 d,采用 Isomap 和 LTSA 来降维高光谱影像并获取各自的低维流形坐标;

　　(2) 采用流形坐标的光谱意义解释方法,获取 Isomap 和 LTSA 的流形坐标每一维的光谱解释,确保两种坐标的每一维流形都代表相同的光谱特征信息；

（3）采用归一化方法和观察对比方法，统一 Isomap 和 LTSA 的流形坐标的尺度及坐标轴方向至相同的坐标系统；

（4）利用加权相减操作得到低维流形图并采用经典图像处理方法来提取流形差异图中的潜在特征。

4.4　实　验　分　析

本节中，我们采用 HYDICE 和 Hyperion 两个高光谱影像数据来设计实验案例，通过对比 Isomap 和 LTSA 的低维降维结果，验证流形坐标差异图法提取潜在特征的可行性。由于 Isomap 算法的内存需求为 $O(N^3)$，其中 N 为像素点个数，因此从两幅较大的影像中选取较小的数据集来减少流形学习降维的计算量并验证提出的流形坐标差异图法。

4.4.1　实验数据

HYDICE 数据来自美国普渡大学应用遥感实验室，为华盛顿区域的 HYDICE 影像。原始影像采集于 1998 年 8 月 23 日，除去由于大气吸收的 900～1 400 nm 间的波段，剩余 191 个波段，范围为 400～2 400 nm 涵盖可见光和近红外区域。选取的小块数据覆盖华盛顿中央广场的 Kutz 桥区域（图 4 - 2），大小为 100×100 像素，包含 4 类主要地物：水体、道路、树木和草地。

Hyperion 数据来自美国德克萨斯大学奥斯汀分校遥感组（www. csr. utexas. edu/ hyperspectral/data/Botswana/），为博茨瓦纳的奥卡万戈三角洲区域的 Hyperion 高光谱数据。数据采集于 2001 年 5 月 31 日，空间分辨率为 30 m，光谱分辨率为 10 nm，光谱覆盖 400～2 500 nm。由于 Isomap 和

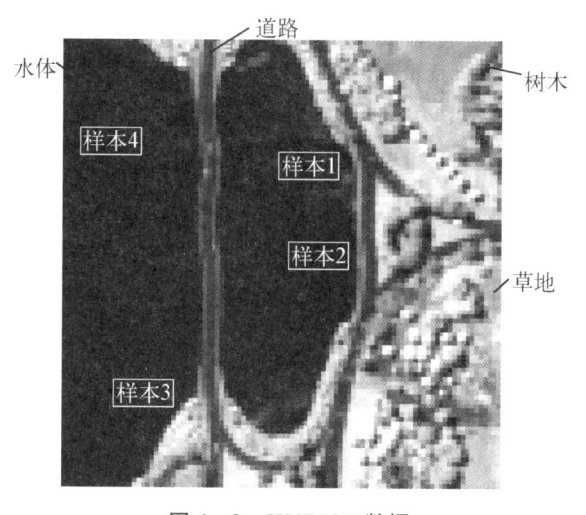

图 4‑2　HYDICE 数据

LTSA 方法对噪声非常敏感,因此通过前期数据处理,删除低信噪比波段并修复坏线,剩余 40 个波段,波段区间为 [5,44],波长范围为 396～796 nm。从图 4‑3(a) 的大幅影像中选取较小区域,大小为 115×115 像素,如图 4‑3(b) 所示。小幅图像为奥卡万戈三角洲沼泽地区域,主要地物类别为 4 类沼泽地植被。

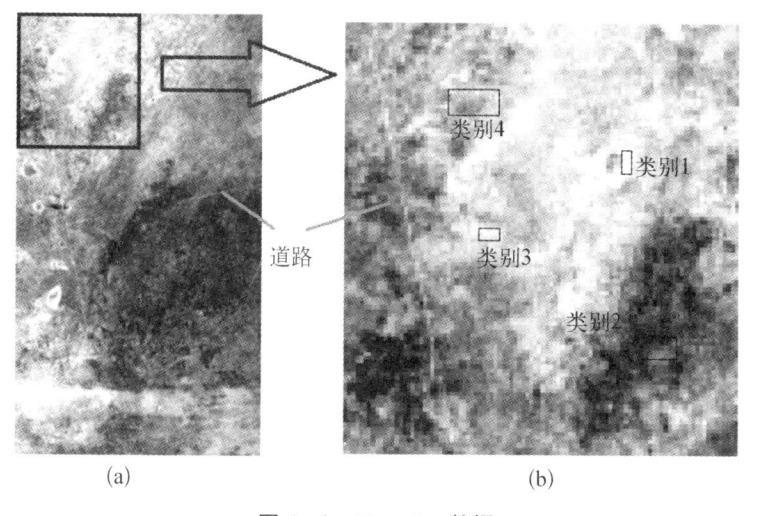

图 4‑3　Hyperion 数据

4.4.2　靠岸的浅水区域提取

从图 4-4 的 HYDICE 数据的各地物的光谱曲线看出,在波段 1—56 间,大多数地物光谱曲线非常接近,难以区分。类似现象在波段 103—191 间,大多数光谱曲线非常相似,除水体光谱 DN 值最低。在波段 57—102 间,地物间光谱区分能力增强,但道路与草地的光谱特征较为接近,仍较难区分。实地踏勘发现,河岸水下不规则石块导致靠岸的河床比其他区域高,水位较浅,整个水域可大致分为浅水和深水区域。浅水区域的河床内部高度并不一致,可以从 4 个采样区得到的水体光谱曲线反映出来(图 4-4)。在波段 57—102 间,样本 1,2 和 3 的光谱曲线偏离标准光谱(样本 4),但各样本间光谱差异较小,较难区分。选用原始影像中近红外 111 波段和蓝光 17 波段,采用经典的水体归一化指数(Normal Differential Water Index, NDWI),无法从水体中提取浅水区域。因此,采用流形坐标差异图法提取近岸浅水区域。

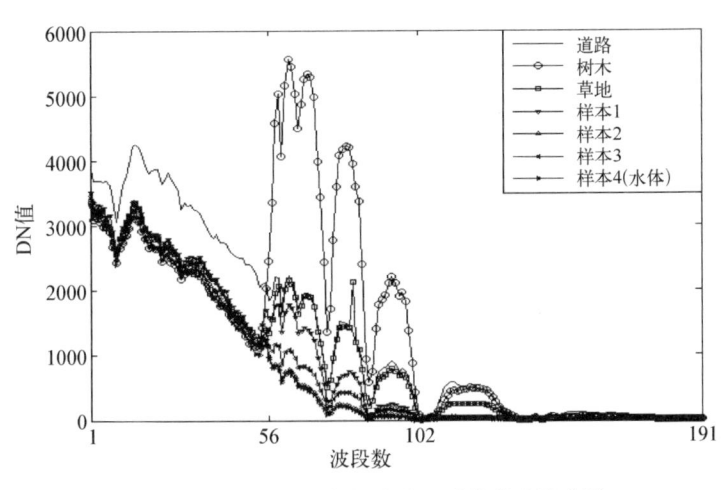

图 4-4　HYDICE 数据中主要地物的光谱曲线

经过交叉验证,Isomap 和 LTSA 降维中邻域大小分别为 54 和 80;剩余方差法得到本征维数为 2。采用低维流形坐标的光谱意义解释方法,对比观察光谱曲线及两种流形坐标,Isomap 和 LTSA 流形坐标与波段区间的光谱值的变化趋势如表 4-1 所示。总结发现,对于 Isomap 和 LTSA 两种降维方法,第 1 维坐标代表波段 1—56 及波段 103—191 间的光谱特征;第 2 维坐标代表波段 57—102 间的光谱特征。同时可以看出,具有相同光谱意义解释的 Isomap 和 LTSA 两种坐标的变化趋势相反。

表 4-1　HYDICE 数据中 Isomap 和 LTSA 流形坐标和光谱值的变化方向对比

波段区间 DN 值变化方向	流 形 坐 标			
	Isomap		LTSA	
	第 1 维坐标	第 2 维坐标	第 1 维坐标	第 2 维坐标
波段 1—56(↑)	↑	—	↓	—
波段 57—102(↑)	—	↑	—	↓
波段 103—191(↑)	↑	—	↓	—

注:"↑"代表增大方向,"—"代表变化趋势不明显,"↓"代表减小方向。

此外,图 4-5(a)和 4-5(b)中 Isomap 和 LTSA 的流形坐标的空间分布可以看出,二者的坐标分布非常相似,除了尺度和形状朝向的差异。归一化两种流形坐标至 0~1 间,两种流形坐标分布的叠加如图 4-5(c)所示。图中两种坐标分布大部分重合,而 Isomap 的坐标分布比 LTSA 更加稀疏,这验证了两种方法的理论差异。

图 4-6 为 Isomap 和 LTSA 的流形图及二者的差异图,其中尺度因子 α 设置为 0.87。图 4-6(f)可以看出,浅水区域出现于第 2 维差异图中,并未出现于 Isomap 和 LTSA 的流形图中[图 4-6(a)—(d)]。这是由于波段 57—102 间各地物的光谱差异相对较大,再加上 Isomap 和 LTSA 方法在保持地物光谱特征方面的差异,使得浅水区域通过加权流形坐标相减而变得清晰。利用第 2 维差异图,采用 K-均值聚类和腐蚀膨胀形态学算法,得到最终的浅水区域提取结果,如图 4-7 所示。可以看出,除被 Kutz 桥掩盖的水体,浅水区域被基本提取。

(a) Isomap的坐标分布

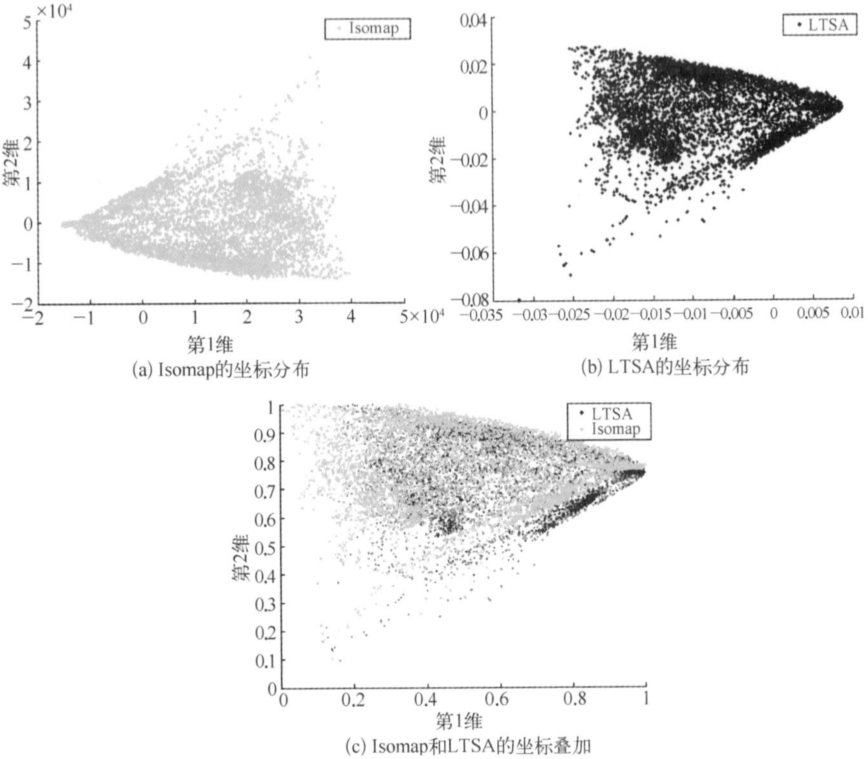

(b) LTSA的坐标分布

(c) Isomap和LTSA的坐标叠加

图 4‑5　HYDICE 数据中 Isomap 和 LTSA 的坐标分布及二者的叠加图

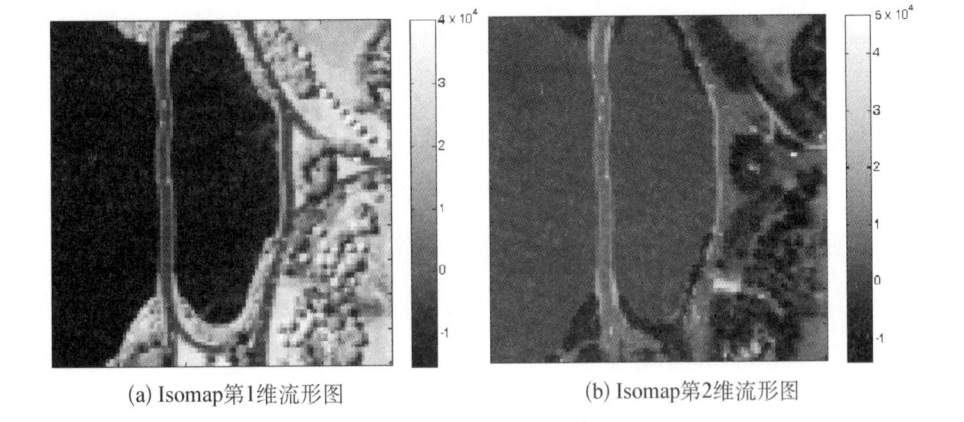

(a) Isomap第1维流形图

(b) Isomap第2维流形图

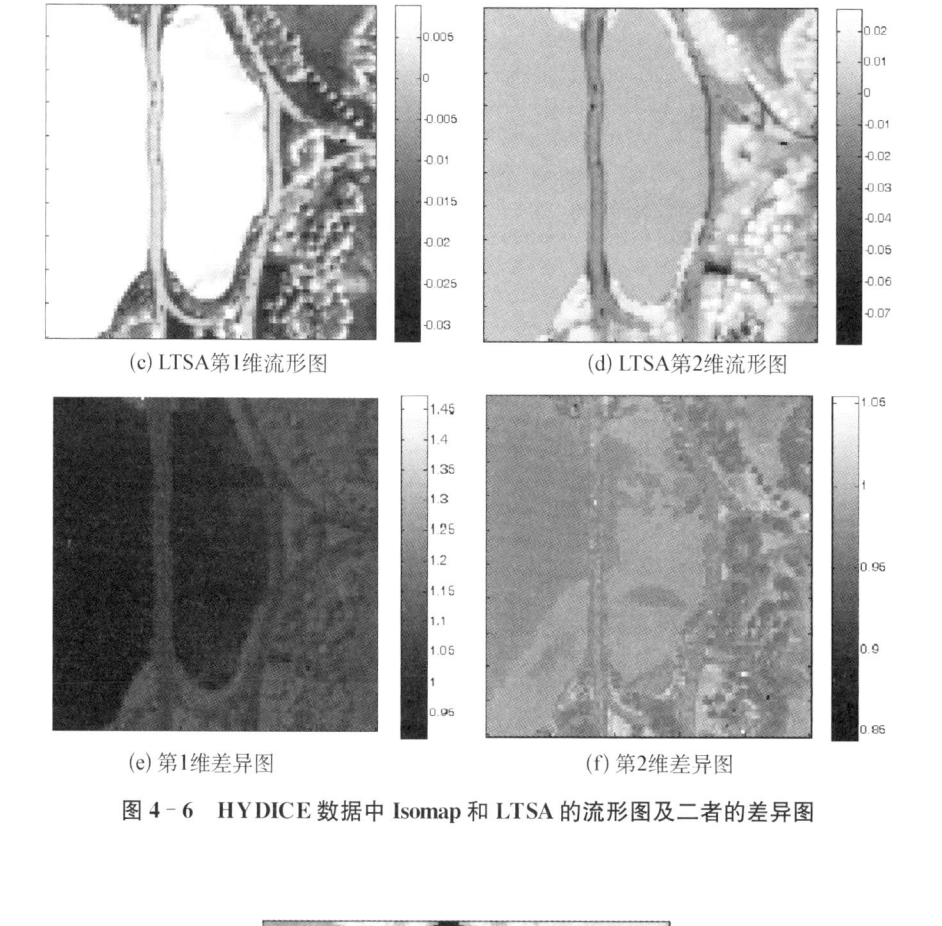

(c) LTSA第1维流形图　　　　　　　(d) LTSA第2维流形图

(e) 第1维差异图　　　　　　　　(f) 第2维差异图

图 4‐6　HYDICE 数据中 Isomap 和 LTSA 的流形图及二者的差异图

图 4‐7　靠岸的浅水区域的提取结果

4.4.3 低分辨率道路提取

图 4 - 3(b)的 Hyperion 数据的场景中,大范围的沼泽地中隐现一条细长道路,属于非典型地物。同时,影像场景中各地物的光谱曲线如图 4 - 8 所示。相比而言,在波段 1—24 间,道路与其他地物的光谱差异比在波段 25—40 间明显。利用 18 波段并结合霍夫变换来提取该道路,但由于空间分辨率较低,道路像素的光谱特征和主要地物非常相似,较难提取得到。因此,采用流形坐标差异图法来提取沼泽地中的低分辨率道路。

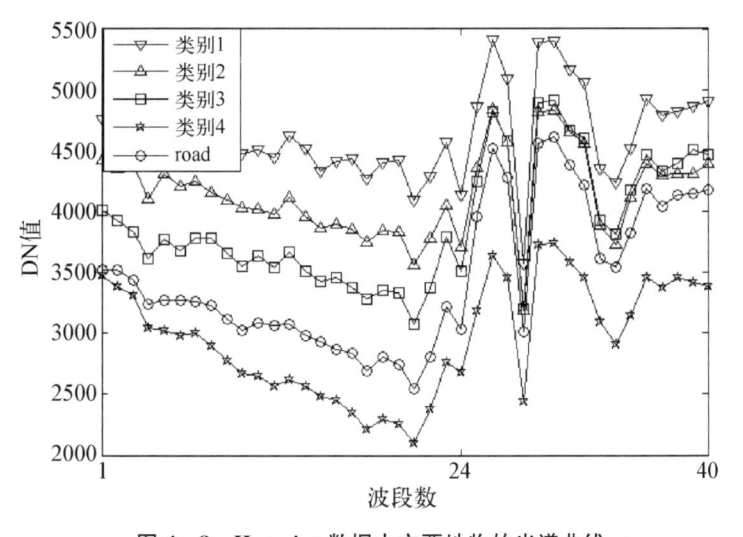

图 4 - 8 Hyperion 数据中主要地物的光谱曲线

降维过程中,通过交叉验证,Isomap 和 LTSA 的邻域大小分别为 34 和 280;利用剩余方差法得到本征维数为 2。采用流形学习的光谱意义解释方法,对比观察两种流形坐标与光谱值的变化趋势如表 4 - 2 所示。总结得出以下结论:Isomap 和 LTSA 坐标的第 1 维都代表波段 1—24 间的光谱特征信息;第 2 维坐标代表波段 25—40 间的光谱特征信息,然而两种方法的第 2 维坐标所代表的光谱特征信息的变化趋势完全相反。

表 4 - 2　流形坐标和光谱值的变化方向对比

波段区间 DN 值变化方向	流　形　坐　标			
	Isomap		LTSA	
	第 1 维坐标	第 2 维坐标	第 1 维坐标	第 2 维坐标
波段 1—24(↑)	↑	—	↑	—
波段 25—40(↑)	—	↑		↓

注:"↑"代表增大方向,"—"代表变化趋势不明显,"↓"代表减小方向。

图 4 - 9(a)和 4 - 9(b)中 Isomap 和 LTSA 的流形坐标分布看出, Isomap 和 LTSA 流形坐标分布图非常相似,仅存在垂直朝向上的差异。这同样说明 LTSA 的第 2 维坐标的坐标轴方向与 Isomap 相反。两种坐标

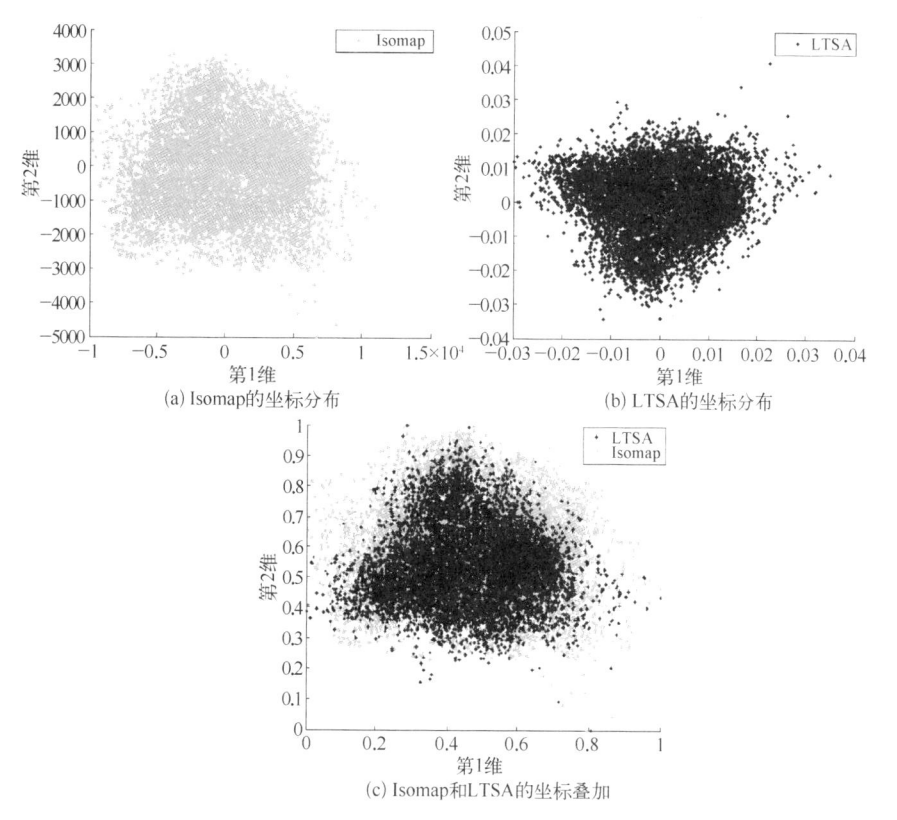

(a) Isomap 的坐标分布

(b) LTSA 的坐标分布

(c) Isomap 和 LTSA 的坐标叠加

图 4 - 9　Hyperion 数据中 Isomap 和 LTSA 的坐标分布及二者的叠加

都被归一化至 0—1 间,同时调整 LTSA 的第 2 维坐标轴方向与 Isomap 对应坐标一致。图 4-9(c)为坐标统一后的两种流形坐标的分布图的叠加,可看出两种流形坐标的大部分非常吻合,而 Isomap 坐标比 LTSA 分布更广泛。这再次验证两种流形学习方法的差别,并支持 4.4.2 节中靠岸河岸的浅水区域提取实验中的对比结论。

图 4-10 为 Isomap 和 LTSA 方法的流形图及其差异图,其中尺度因子 α 为 0.91。可以看出,由于 LTSA 在局部光谱边缘特征方面的优势,道路隐现于 LTSA 的第 1 维流形图[图 4-10(c)]。同时,图 4-10(e)的第 1 维差异图看出,道路轮廓比原始影像[图 4-7(b)]及 Isomap 和 LTSA 的流形图[图 4-10(a)—(d)]中更加清晰。这是由于第 1 维流形坐标保留波段 1—24 间的光谱信息,而 1—24 波段区间内,道路与主要地物区分较强,

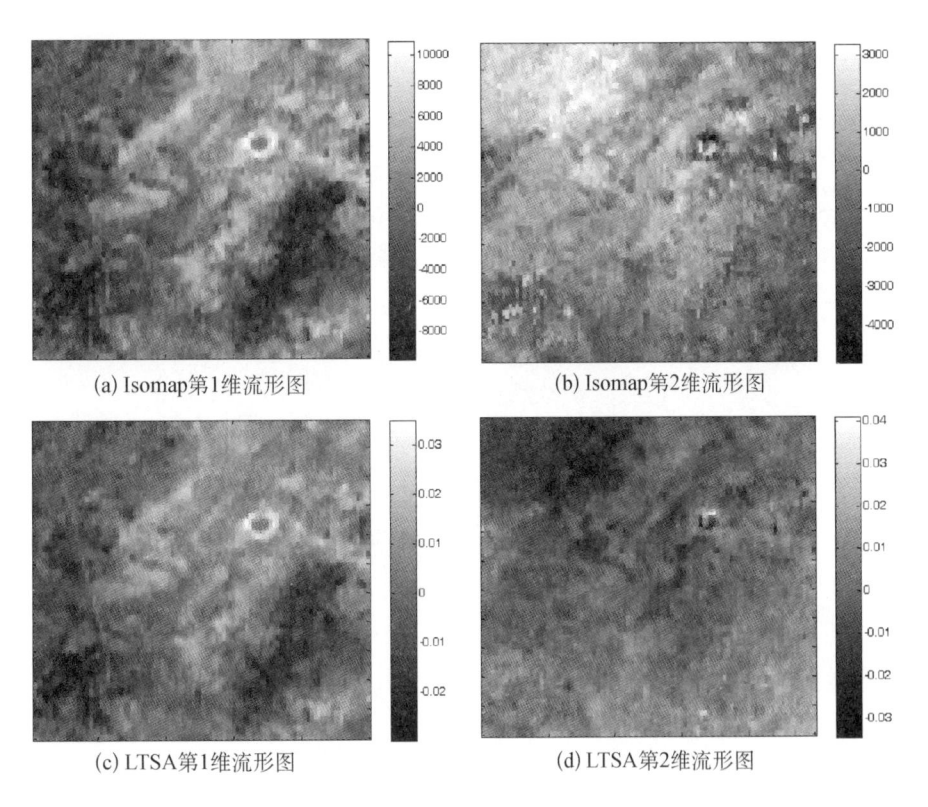

(a) Isomap第1维流形图   (b) Isomap第2维流形图

(c) LTSA第1维流形图   (d) LTSA第2维流形图

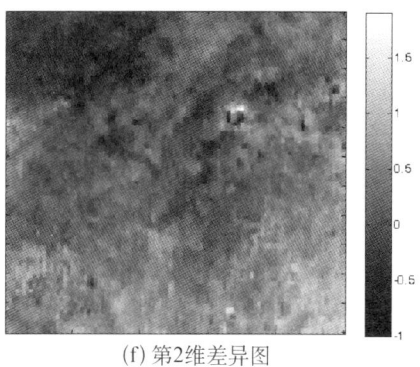

(e) 第1维差异图　　　　　　　　(f) 第2维差异图

图 4－10　Hyperion 数据中 Isomap 和 LTSA 的流形图及二者的差异图

再加上两种方法保持地物的光谱特征信息的差异,最终使得道路通过加权流形图的相减操作而变得更加明显。利用第 1 维流形图,采用霍夫变换及形态学算法来识别提取道路,结果如图 4－11 所示。

4.4.4　讨论

以上两个应用实例的实验结果证明我们提出的方法能够提取 Isomap 和

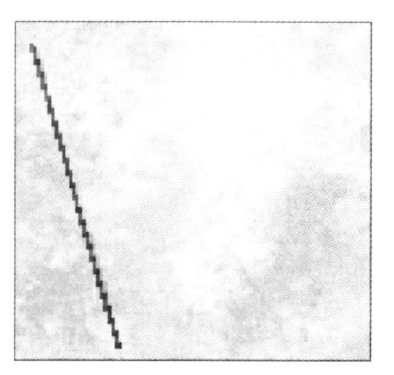

图 4－11　大场景沼泽地中低分辨率道路的提取结果

LTSA 降维无法得到的潜在特征,如靠岸的浅水区域和大场景沼泽地中的低分辨率道路。实验结果显示,潜在特征通常出现于该地物光谱特征与其他地物差异较大的流形差异图中。实验中光谱意义解释所对应的波段差别很大及其对应的低维流形坐标的维数不同,这是由不同高光谱影像数据和影像中地物的空间分布的不规则和类别多样性造成的。

另一方面,两个应用实例也证明流形坐标差异图法能够证明 Isomap 和 LTSA 能够同时发掘高光谱影像的低维流形结构。每一维 Isomap 和 LTSA 流形坐标都代表相同的光谱特征信息,流形坐标的内部差异能够反映在特定波段区间上地物间的光谱特征的不同。此外,低维流形坐标的光谱意义解释间接反映了以下事实：高光谱影像降维的嵌入维数过低并不适合进行高精度分类，因为流形学习降维一定程度上等于"压缩"光谱特征到少数几个流形坐标向量中，这容易引起地物的一些重要光谱特征的丢失。

4.5 本章小结

高光谱影像可通过流形学习降维来提取影像内部的潜在低维流形特征。然而，不同流形学习方法的理论差异导致其低维流形坐标保留的各地物的光谱特征信息存在不同。本章首先分析了流形坐标差异图用于提取高光谱影像潜在特征的可行性。然后，基于 Isomap 和 LTSA 流形学习方法，给出了流形坐标差异图提取高光谱影像的潜在特征所需的各个步骤及整体流程。最后，采用 HYDICE 和 Hyperion 两个高光谱数据集来设计实验，结果证明流形坐标差异图法能够很好提取靠岸的浅水区域和低分辨率的道路。本章的研究进一步深化高光谱影像的流形学习降维理论，同时为提取高光谱影像的潜在特征研究提供一种新的研究思路。

第5章

高光谱影像的 UL-Isomap 降维

5.1 引　　言

　　前面第 3 章中,基于低维流形坐标的光谱意义解释,我们研究提取高光谱影像的低维流形特征。在此基础上,在第 4 章,通过深层次剖析不同流形学习方法的嵌入坐标所代表的地物的光谱特征差异,我们提出流形坐标差异图方法来提取高光谱影像的潜在特征。以上两章的研究为流形学习降维在高光谱影像数据的应用中提供了坚实的理论基础。然而,同时也可以看出,当前流形学习在高光谱影像的降维应用中存在一些方法问题,例如没有考虑高光谱影像数据在高维光谱空间中的分布特性、高光谱影像的"图谱合一"特性以及高光谱数据的计算量大特性等。因此,基于前面的理论成果,在接下来的第 5,第 6 和第 7 章中我们将研究高光谱影像流形学习降维的改进模型,目的在于提高流形学习在高光谱影像降维中的实际应用效果。

　　在本章中,我们以 Isomap 为例来研究带标志点的 Isomap(Landmark Isometric mapping,LIsomap)降维的改进模型。目前已经有学者研究改进 LIsomap,提出 ENH-Isomap 方法来解决大场景的高光谱影像的流形坐标表达问题(Bachmann 等,2006)。ENH-Isomap 对 LIsomap 的改进策略包括:采用制高点森林树法来快速计算最近 k-邻域;采用骨架法来选取合适的标志点;采用改进的骨干方法来缩放和拼接各子块的流形坐标得到高光谱影像数据的全局流形坐标。ENH-Isomap 能够降低大场景高光谱影像数据分析的计算复杂度和内存存储需求。然而,该方法存在几个明显问题。首先,骨架法并不能保证得到的标志点完全扩展整个低维的嵌入空间。其次,采用的缩放和拼接策略不能够严格保持标志点和其他像素点间的几何结构特征,这一定程度上违背了 LIsomap 的本质思想。再次,采用的改进骨干方法得到的低维流形坐标没有经过严格的实践检验,如没有采用分类实验来进行全面验证和分析。最后,ENH-Isomap 的改进策略过于复杂,在实际应用中实践难度较大。因此,我们提出 UL-Isomap(Upgraded Landmark-Isometric mapping)方法,它采用矢量量化的标志点来替代原有的随机标志点以提高 LIsomap 降维的低维嵌入结果,同时采用三种速度提升策略包括随机映射、快速近似邻域构建和快速奇异值分解来综合提高高光谱影像 LIsomap 降维的计算效率。

5.2 带标志点的等距映射方法

Isomap 降维的计算复杂度达 $O(N^3)$,其中 N 为样本点的个数,因此当实际应用中样本数量较大时,Isomap 带来的计算量将相当庞大。同时,高维样本数据集的维数过高也会对计算量产生压力。例如,在一台奔腾 IV 3.06 GHz 处理器的电脑上,利用 Isomap 来处理影像大小为 100×100 像素且波段数为 114 的 PROBE2 高光谱数据需要耗时约 920 s。还有,Isomap 算法运行中需要存储多个大型矩阵如测地距离矩阵等,这对计算机硬件的要求相当高。因此,Isomap 并不适合应用到实际的大场景的高光谱影像数据降维中。

在此情况下,Silva 提出了带标志点的等距映射方法(LIsomap),一定程度上解决了 Isomap 在实际应用中的计算量大和存储量大等困难(Silva 和 Tenenbaum,2003)。LIsomap 通过在高维数据集中随机选取一些标志点,建立标志点与其他样本点的测地距离来替代所有样本点的测地距离,进而降低最短路径图构建和 MDS 中本征分解的计算量。

假设高维数据为实数向量集 $X = [x_1, \cdots, x_N]^T \in R^D$,其中 N 和 D 分别为样本点个数和高维空间的维数;假设低维嵌入坐标为向量集 $Y = [y_1, \cdots, y_N]^T \in R^d$;假设标志点集为 $X_L = \{x_l^t\}_{t=1}^n \in X$,其中 n 为标志点的个数且 $n \ll N$,非标志点集为 $X_{\text{other}} = \{x_{\text{other}}^t\}_{t=1}^{N-n} \in X$;假设标志点和非标志点的流形坐标分别为向量集 Y_L 和 $Y_{\text{other}} = Y/Y_L$。LIsomap 方法包括以下四个步骤:

(1) 构造最近邻域图。邻域图由点 x_i 和 x_j 之间的欧氏距离 $d_x(i, j)$ 搜寻得到。可采用 ε-邻域或 k-邻域策略来描述邻域,但实际中考虑计算方便往往采用 k-邻域。如果 x_j 在 x_i 的 k 个最近邻点之一,则连接 x_i 和 x_j,且该边的长度为 $d_x(i, j)$;否则边长为 0。

(2) 计算最短路径。随机选择 n 个样本点作为标志点,其中 $n \ll N$;然后计算 n 个标志点到所有的 N 个样本点之间的最短路径 $d_G(i, j)$。如果标志点 x_i 和样本点 x_j 位于彼此邻域内,二者之间的测地距离为欧氏距离;否则二者之间的测地距离 $d_M(i, j)$ 通过最短路径 $d_G(i, j)$ 采用 Dijkstra 算法来逼近。在这个过程中,只需要计算 $n \times N$ 个测地距离,因此最短路径距离矩阵的计算复杂度相比 Isomap 方法从 $O(N^3)$ 降低至 $O(nN\lg N)$。

(3) 利用 MDS 求解 n 个标志点的低维嵌入。利用标志点间的最短路径距离矩阵 $D_n = \{d_n(i, j)\}$,采用经典 MDS 方法构造能保持拓扑空间本质结构的标志点的 d 维嵌入空间 Y_L,坐标向量 y_l^i 由最小化下列误差方程得到:

$$E = \| \tau(\boldsymbol{D}_n) - \tau(\boldsymbol{D}_{Y_L}) \|^2 \qquad (5-1)$$

式中,矩阵变换算子 $\tau_D = -HSH/2$,$\boldsymbol{S}$ 是平方距离矩阵 $\{S_{x_l^i x_l^j} = D_{x_l^i x_l^j}^2\}$,$\boldsymbol{H}$ 是集中矩阵 $\{H_{x_l^i x_l^j} = \delta_{x_l^i x_l^j} - 1/n\}$;$\delta_{x_i x_j}$ 为标志点 x_l^i 和 x_l^j 之间的内积;$\boldsymbol{D}_n$ 是高维空间 $\boldsymbol{R}^D$ 中的最短路径距离矩阵,$\boldsymbol{D}_{Y_L}$ 是低维空间 R^d 中的欧氏距离矩阵。式(5-1)的最小值可通过求取矩阵 $\tau(D_n)$ 的 d 个最大特征值对应的特征向量来实现,计算复杂度为 $O(n^2 N)$。

(4) 求取非标志点的 d 维嵌入坐标。对于非标志点 x_{other},由 x_{other} 与标志点 x_l 的最短路径距离平方组成的列向量记为 D_n,S_n 列平均向量记为 $\overline{D}_n$,则 x_{other} 的低维嵌入坐标为 $Y_{\text{other}} = \frac{1}{2} Y_L^+ (\overline{D}_n - D_n)$,其中 Y_L^+ 是标志点的流形坐标 Y_L 的广义逆矩阵。

可以看出,当 $n \ll N$ 时,LIsomap 的计算量相比 Isomap 有很大的降低。同时,标志点的个数 n 应大于低维嵌入的维数 d 来保证非标志点在低维嵌入空间中可以唯一存在。而且,标志点的选取应保证其在低维嵌入空间中的对应点能够完全扩展整个 d 维嵌入空间。

5.3 基于矢量量化的标志点选取

LIsomap 方法中,随机标志点的选取方法假设所有样本点在高维空间中均匀分布,通过随机抽样方法来选取得到标志点。然而,这并不符合高光谱影像数据在高维空间中的分布特性。因此,本节中,我们首先详细分析随机标志点在高光谱影像 LIsomap 降维中的不足,然后提出采用基于矢量量化方法来选取高光谱影像数据的标志点。

5.3.1 随机标志点的不足

随机标志点选取策略是依据样本点在高维空间的概率密度分布来选

取标志点,位于局部密度大的区域的样本点将更有可能被选为标志点。我们通过两维的高斯样本点分布来详细阐述随机样本点的选取策略,这些高斯样本点的局部密度变化差异很大。图 5-1(a)—(c)显示随机标志点的个数在全部样本点中所占的比例从 10%增加到 50%时,标志点的空间分布变化情况。图 5-1(a)中,随机标志点大多数分布在样本点的中心高密度区域,没有覆盖大多数的边缘低密度区域。随着样本点个数的增加,图 5-1(a)—(c)中随机样本点的分布开始向边缘低密度区域扩展,然而仍然没有覆盖到一些重要的边缘区域,如图中的红色椭圆所示。这表明即使拥有较大数量的随机样本点,仍然无法保证标志点能够完全覆盖所有样本点所在的几何空间。

另一方面,高光谱数据在高维空间中并非呈均匀分布。研究发现,低维空间中相同类别的样本点主要集中以类别均值为中心、呈近似椭圆分布的范围内,因此可假定其近似服从正态分布。然而在高维空间中,样本点有着许多与低维空间不同的几何特性和统计特性,尤其是原来在低维空间中正态分布的数据点将主要分布在空间边缘,而不是像低维空间中分布在中部。因此,根据正态分布的特性,高光谱影像数据的样本点在高维空间中主要分布在一个球体或椭球体内,而球体或椭球体的体积又主要分布在球体的外壳部分,并非在高维空间中呈均匀分布。此外,实验证明,高光谱数据的样本点在高维空间中呈聚类分布且样本点的局部密度变化差异很大。因此,基于均匀分布假设的随机样本标志点选取策略并不适应于高光谱影像数据。

5.3.2　基于矢量量化的标志点

鉴于随机标志点的不足,我们提出采用基于矢量量化(Vector Quantization,VQ)的方法来选取高光谱影像数据的标志点。矢量量化方法是一种考虑样本点的局部密度变化的有损压缩方法(Linde 等,1980),主

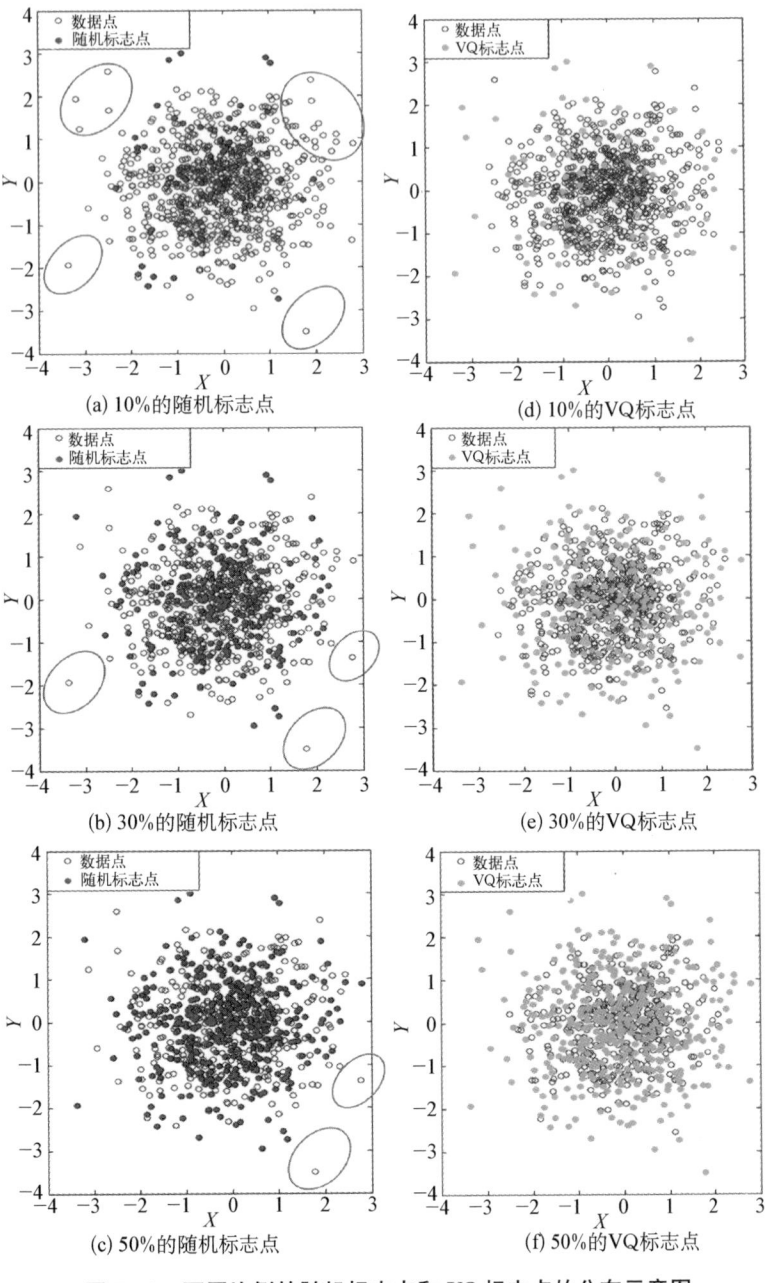

(a) 10%的随机标志点　　　　　　　(d) 10%的VQ标志点

(b) 30%的随机标志点　　　　　　　(e) 30%的VQ标志点

(c) 50%的随机标志点　　　　　　　(f) 50%的VQ标志点

图 5-1　不同比例的随机标志点和 VQ 标志点的分布示意图

要应用于信号压缩(Gersho 和 Gray,1992)、模式识别和文本分类(Sertel 等,2008)等。矢量量化的基本思想是:利用少量的原始数据集的码矢量(或称码字)和其对应的码书来替代原始的数据集,从而压缩数据而不损失过多信息(孙圣和,2002)。

假设高维数据集为 $X = [x_1, \cdots, x_N]^\mathrm{T} \in R^D$,矢量量化可定义为从 D 维欧氏空间 R^D 到起一个有限子集的一个映射,即: $f: R^D \rightarrow C$,其中 $C = \{c_0, c_1, \cdots, c_{n-1} \mid y_p \in R^D\}$ 称为再生矢量集或再生码书,n 为码书大小。码矢量集 C 的概率密度分布与原始高维数集 X 非常相似(Lee 和 Verleysen,2007)。码书中的 n 个元素称为码字或码矢量,它们都是 R^D 中的矢量。该映射满足 $f(x_i \mid x_i \in R^D) = c_j$,其中 $x_i = \{x_{i1}, x_{i2}, \cdots, x_{iD}\}$ 为 R^D 中的 D 维矢量,$c_j = \{c_{j1}, c_{j2}, \cdots, c_{jD}\}$ 为码书 C 中的码字并满足 $d(x_i, c_j) = \min\limits_{0 \leqslant p \leqslant n-1} d(x_i, c_p)$,其中 $\min\limits_{0 \leqslant p \leqslant n-1} d(x_i, c_p)$ 为输入矢量 x_i 与码字 c_p 之间的失真测度。常见的失真测度为平均误差测度,其定义为

$$d(x_i, c_p) = |x_i - c_p|_2^2 = \sum_{l=1}^{D} (x_{il} - c_{pl})^2 \tag{5-2}$$

码书的设计过程即是寻找最优的有限子集 C。图 5-1(d)—(f)显示了 VQ 标志点的空间分布随其在全部样本点中的比例从 10% 到 50% 的变化情况。类似于图 5-1(a)—(c),我们采用 2 维的高斯分布来模拟样本点的分布。从图 5-1(d)—(f)可以看出,VQ 标志点的分布随着全部样本点的局部密度的变化而发生变化。因此,VQ 标志点能够代表样本点的空间分布,即使只有很小的标志点数量。

目前有许多矢量量化的码书设计方法,如 Linde-Buzo-Gray(LBG)算法(也叫 Generalized Llyod,GLA)(Linde 等,1980)、成对最近邻域(Pairwise Nearest Neighbor,PNN)算法(Equitz,1989)、平均距离排序的部分码书搜索(Mean-distance-ordered Partial Codebook Search,MPS)算法(Ra 和 Kim,1993)和增强 LBG 算法(Patané 和 Russo,2001)等。其中,

LBG 算法设计最为简单而且计算速度快，复杂度仅为 $O(3tnN)$，其中迭代次数 t 依赖于失真测度的阈值。LBG 算法能够得到满足最近邻条件和质心条件的码书(Shen 和 Hasegawa，2006)，具体可包括以下步骤：

(1) 从 X 中随机选取 n 个样本点作为初始码书 $C^{(0)} = \{c_0^{(0)}, c_1^{(0)}, \cdots, c_{n-1}^{(0)}\}$，令迭代次数 $t = 0$，平均失真 $D^{(-1)} = \infty$，给定失真下降阈值 ε 且 $0 < \varepsilon < 1$；

(2) 用码书 $C^{(t)}$ 中各码字作为质心，根据最优划分原则将训练矢量集合 X 划分为 n 个胞腔 $V^{(t)} = \{V_0^{(t)}, V_1^{(t)}, \cdots, V_{n-1}^{(t)}\}$，其中 $V_j^{(t)}$ 满足：

$$V_j^{(t)} = \{x_i \mid d(x_i, c_j^{(t)}) = \min_{0 \leqslant p \leqslant n-1} d(x_i, c_p^{(t)}), x_i \in X\} \quad (5-3)$$

(3) 计算第 t 次迭代的平均失真测度：

$$R^{(t)} = \frac{1}{n} \sum_{i=0}^{n-1} \min_{0 \leqslant p \leqslant N-1} d(x_i, c_p^{(t)}) \quad (5-4)$$

计算并判断相对失真误差是否满足 $\dfrac{R^{(t)} - R^{(t-1)}}{R^{(t)}} \leqslant \varepsilon$，如果满足，则停止迭代，码书 $C^{(t)}$ 就是所求的码书；否则，转入步骤(4)；

(4) 根据最佳码书条件，计算各胞腔的质心，即 $y_j^{(t+1)} = \dfrac{1}{V_j^{(t)}} \sum_{x_i \in V_j^{(t)}} x_i$，利用这 n 个新质心 $y_j^{(t+1)}$，$j = 0, 1, \cdots, n-1$ 形成的新码书 $C^{(t+1)}$，更新 $t = t+1$，转入步骤(2)，直到 $\dfrac{R^{(t)} - R^{(t-1)}}{R^{(t)}} \leqslant \varepsilon$ 时停止运算。

从式(5-4)可以看出，LBG 算法与 k-均值聚类的思想有点相似，都是通过最小化平均误差来得到最优结果。事实上，学者们已经采用 k-均值算法来选择 LIsomap 的合适标志点(Chen 等，2006；Zhang 和 Kwok，2010)。事实上，LBG 算法不同于 k-均值算法(Linde 等，1980)。首先，LBG 算法在每次迭代时包含全部的样本点进入运算，而 k-均值算法每次只包含一个新的样本点来更新迭代过程。这使得 k-均值算法的结果随着迭代次数而发生改变,而 LBG 算法能够得到不受迭代次数影响的唯一结果。其次,k-均值的理论模型需要假设高维数据集的各维数向量之间是独立且不相关来保证总体误差能够收敛,因此 k-均值算法在实际应用中可能遭遇局部最小值的问题。然而,LBG 算法没有高维数据各维数向量之间是独立且不相关的限制。因此,综合而言,LBG 算法比 k-均值算法更适合于高光谱影像数据。

考虑 LBG 算法获得的质心(码书)并不包含在原始的高光谱数据中,因此选取每个胞腔中最接近质心的像素点作为该胞腔的质心,即 VQ 标志点。在选取过程中,采用向量间的光谱角来量度质心和各像素点之间的相似性。

5.4　速度提升策略

虽然 LIsomap 能够通过选取若干标志点来降低 Isomap 中测地距离矩阵构建和 MDS 特征分解的计算复杂度,然而对于大场景的高光谱影像来说,LIsomap 降维的计算量仍然很大。而且,LIsomap 中标志点的个数对 LIsomap 的计算复杂度影响也很大。例如,表 5 - 3 中,在一台 $2 \times$ 2.26 GHz 4 核处理器、16G 内存的 OS X 苹果电脑上,采用 10% 的随机样本点对大小为 145×145 像素、波段数为 172 的 AVIRIS 影像进行 LIsomap 降维,处理器的计算时间约为 359.37 s。在实际应用中,高光谱数据集可能包含数十万至数百万的像素点并且拥有大量的标志点,因此需要进一步降低 LIsomap 的计算复杂度来满足后续的分类、目标识别和异常探测等应用。

本节中,我们采用三种策略来综合降低高光谱影像 LIsomap 降维的计算复杂度。首先,采用随机映射来减少原始高光谱影像的波段数;其次,采用快速近似 k-邻域构建来提升高光谱影像数据在高维光谱空间中 k-邻域的构建速度;最后,采用快速随机低阶近似奇异值分解来提高 MDS 中内积矩阵的特征分解速度,更快得到标志点的低维流形坐标。

5.4.1　随机映射

随机映射是一种高效而且精确的高维数据降维方法,能够通过线性低维投影来保持高维数据的重要信息,目前广泛应用于文本数据分类(Bingham 和 Mannila,2001)、人脸识别(Bouzalmat 等,2011)、异常检测及高光谱影像重构(Fowler 和 Du,2011;Du 等,2011)等方面。我们将随机映射引入 LIsomap 方法来减少高光谱影像数据的波段数,进而降低后续流形学习的计算复杂度。随机映射理论来自 Johnson-Lindenstrauss 定理,如果利用随机矩阵 $\boldsymbol{\Psi}$ 将含有潜在流形的高维数据集 $X^{\mathrm{T}} \in R^D$ 投影到一个适当的低维空间 R^P,则各样本点间的欧氏距离和测地距离将以很高的概率保持不变(Baraniuk 等,2008;Baraniuk 和 Wakin,2009)。对高光谱数据集 $X = [x_1, \cdots, x_N]^{\mathrm{T}} \in R^D$,随机映射将 X^{T} 映射到 P 维的投影空间,如式(5-5)所示:

$$\underset{P \times N}{X'} = \underset{P \times D}{\boldsymbol{\Psi}} \underset{N \times D}{X^{\mathrm{T}}} \tag{5-5}$$

式中,$\boldsymbol{\Psi}$ 为随机矩阵,X' 为映射后的高光谱数据,$d \ll P \ll D$,d 为流形学习的嵌入空间维数。随机映射的计算复杂度较低,仅为 $O(DPN)$。随机矩阵 $\boldsymbol{\Psi}$ 通常由均值为 0 方差为 $1/P$ 的独立同分布的随机元素构成。随机映射将快速近似 k-邻域构建的复杂度从 $O(DN^a)$ 降至 $O(PN^a)$,并将局部 k-邻域构建的复杂度从 $O(DNk^3)$ 降至 $O(PNk^3)$。

5.4.2　快速近似 k-邻域构建

LIsomap 降维中,k-邻域构建往往通过欧氏距离搜索每个像素点周围

最近的 k 个像素点而得到，其计算复杂度为 $O(DN^2)$，其中 D 和 N 分别为高光谱影像数据的波段数和像素点个数。我们采用递归兰索斯切分（Recursive Lanczos Bisection，RLB）算法来快速构建近似 k-邻域（Chen 等，2009），目的在于降低常规 k-邻域构建的计算复杂度。

RLB 算法的思想是将高光谱影像数据集递归地分为两个重叠的子集，计算每个子集的近似 k-邻域，然后拼接成最终 k-邻域图。首先，RLB 利用谱分割的方法将高光谱数据集递归地分为重叠的数据子集，其重叠部分的大小通过重叠参数 α 来控制（Boley，1998）。谱分割方法根据中心化的高光谱影像数据的最大奇异三重线构成的超平面来实现分割。假设中心化的高光谱数据集为 $X_S = [x_1, \cdots, x_q]$，假设 (σ, u, ν) 是对 $u^T X_S = \sigma \nu^T$ 进行兰索斯求解得到的 X_S 的最大的奇异三重线（Lanczos，1950；Berry，1992）。对任一超平面 $w^T X_S = 0$，当单位矢量 $w = u$ 时，平方和 $\| w^T X_S \|^2 \leqslant \| X_S \|^2 = \sigma^2$ 最大化而得到最优分割结果。其次，当分割的数据子集的大小小于一定的阈值时，将采用常规方法来计算其 k-邻域。最后，将每个数据子集的 k-邻域拼接在一起，形成最终的全局 k-邻域图。邻域拼接时，如果一个像素点属于两个或以上不同的子集，其邻域信息从每个子集中选取得到。

快速近似 k-邻域构建同随机映射结合，能够将 k-邻域图构建的计算复杂度降低至 $O(PN^a)$，其中，P 为随机映射的维数，$a = 1/[1 - \log_2(1 + \alpha)]$，$\alpha$ 为预先设定的重叠参数且 $0 < \alpha < 1$。

5.4.3　快速随机低阶近似奇异值分解

高光谱影像 LIsomap 降维中，局部 MDS 中内积矩阵的本征分解的计算复杂度为 $O(n^3)$，其中 n 为标志点的个数。因此，我们引入快速随机近似奇异值分解来降低其复杂度至 $O(dn^2)$，其中 d 为低维嵌入的维数（Rokhlin 等，2008）。假设局部 MDS 的内积矩阵为 $\boldsymbol{\Lambda}_{n \times n}$，快速随机低阶近似奇异值

分解通过找到 d 阶分解来逼近 $\boldsymbol{\Delta}$,如式(5-6)所示:

$$\boldsymbol{\Delta}_{n\times n} \approx \hat{\boldsymbol{U}}_{n\times d} \hat{\boldsymbol{\Sigma}}_{d\times d} \hat{\boldsymbol{V}}^{\mathrm{T}}_{n\times d} \qquad (5-6)$$

式中,$\hat{\boldsymbol{\Sigma}}$ 是对角线为前 d 个递减本征值的对角阵,$\hat{\boldsymbol{U}}$ 为 d 个本征值对应的本征向量。假设 $l = m+2$ 且 $l < n-d$,首先构建均值为 0 且方差为 1 的随机矩阵 $\boldsymbol{G}_{l\times n}$,并得到矩阵 $\boldsymbol{R} = \boldsymbol{G}(\boldsymbol{\Delta\Delta}^{\mathrm{T}})\boldsymbol{\Delta}$。其次,通过对 $\boldsymbol{R}^{\mathrm{T}}$ 进行奇异值分解得到其左 n 列的本征向量构成的矩阵 $\boldsymbol{Q}_{n\times d}$,以及对应的积矩阵 $\boldsymbol{T}_{n\times d} = \boldsymbol{\Delta Q}$。接下来,通过对 $\boldsymbol{T} = \boldsymbol{U\Sigma W}^{\mathrm{T}}$ 的奇异值分解得到矩阵 $\boldsymbol{U}$ 和 $\boldsymbol{W}$,以及积矩阵 $\boldsymbol{V}_{n\times d} = \boldsymbol{QW}$。最后,所求的近似 LIsomap 的流形坐标为矩阵 $\boldsymbol{U}_{n\times d}$ 的左 1 至 d 列特征向量构成的向量集。

5.5   高光谱影像的 UL-Isomap 降维算法

高光谱影像的 UL-Isomap 降维方法通过改进标志点的选取和降低计算复杂度来改进原始的 LIsomap 算法。通过 LBG 算法来选取 VQ 标志点,目的在于改善 LIsomap 的低维嵌入结果,提高后续的实际应用效果。UL-Isomap 采用三种策略来综合提高 LIsomap 的计算速度:① 随机映射预先减少高光谱影像数据的维数从 R^D 到 R^P,并加速后续的近似 k-邻域图构建;② 递归兰索斯切分的快速近似 k-邻域构建降低常规的 k-邻域构建的计算复杂度从 $O(PN^2)$ 到 $O(PN^a)$;③ 快速随机近似奇异值分解降低局部MDS中内积矩阵 Δ 的计算复杂度从 $O(n^3)$ 到 $O(dn^2)$。假设高光谱影像为向量集 $X = [x_1, \cdots, x_N]^{\mathrm{T}} \in R^D$,假设高光谱影像的低维流形坐标向量集 $Y = [y_1, \cdots, y_N]^{\mathrm{T}} \in R^d$,其中,$N$ 和 D 分别为像素点个数和波段数,d 为低维流形坐标的维数。高光谱影像 UL-Isomap 降维的算法流程如图 5-2所示,包含以下几个步骤:

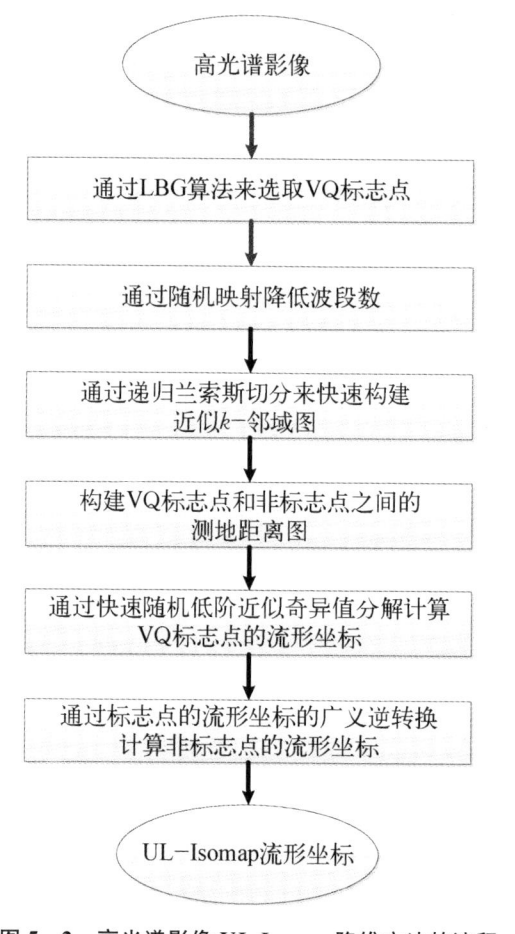

图 5 - 2　高光谱影像 UL-Isomap 降维方法的流程

（1）采用 5.3.2 节中的 LBG 算法，通过迭代计算最小化相对平均误差小于设定的阈值得到 VQ 标志点；

（2）采用公式(5 - 5)中随机映射来降维高光谱影像数据，降低原始影像的波段数从 D 维至 P 维；

（3）采用 5.4.2 节中的递归兰索斯切分算法来快速构建近似的 k-邻域图；

（4）通过 Dijkstra 算法来计算 VQ 标志点和其他像素点的最短路径距

离,得到标志点和非标志点的最短路径图;

(5) 基于 VQ 标志点间的测地距离矩阵,采用快速随机低阶近似方法对 MDS 中的内积矩阵 Δ 进行奇异值分解,得到标志点的低维流形坐标 Y_L;

(6) 通过标志点的低维流形坐标的广义逆转换,计算得到非标志点的流形坐标 Y_C,进一步拼接得到 UL-Isomap 的全局流形坐标。

同时,表 5-1 列出了 UL-Isomap 和常规的 LIsomap 的计算复杂度的对比结果,其中 $a = 1/[1 - \log_2(1+\alpha)]$ 且 $0 < \alpha < 1$;P 为随机映射的投影维数;N 和 n 分别代表高光谱影像数据中像素点和标志点个数;t 为 LBG 算法的迭代次数;k 为邻域的大小;d 为低维嵌入的维数,即本征维数。从表 5-1 可以看出,VQ 标志点的计算复杂度较低,对 UL-Isomap 增加的计算量负担较小。而且,UL-Isomap 方法的计算复杂度明显低于原有的 LIsomap 方法。

表 5-1 UL-Isomap 和 LIsomap 方法的计算复杂度对比

步　　骤	计　算　复　杂　度	
	UL-Isomap	LIsomap
(1) 标志点选取	$O(3tnN)$	—
(2) 随机映射减少波段数	$O(DPN)$	—
(3) k-邻域搜索	$O(PN^a)$	$O(DN^2)$
(4) 测地距离图构建	$O(nN\lg N + N^2 k)$	$O(nN\lg N + N^2 k)$
(5) MDS 的本征分解	$O(dn^2)$	$O(n^3)$
(6) 非标志点的坐标求解	$O[nd^2 + n(N-n)]$	$O[nd^2 + n(N-n)]$
总体复杂度	$O[(3t+1+\lg N)nN] + O(P(DN+N^a)) + O[N^2 k + (d-1)n^2) + nd^2]$	$O(DN^2) + O(nN\lg N + N^2 k) + O(n^3) + O[nd^2 + n(N-n)]$

5.6　实　验　分　析

在本节中,我们从计算速度和分类效果两个方面,利用 Indian 和 PaviaU 两个高光谱数据集设计五组实验来全面测试我们提出的 UL-Isomap 方法。首先,我们分析 VQ 标志点对分类结果的影响,进而间接评价 VQ 标志点对 UL-Isomap 嵌入结果的影响。其次,我们分析随机映射对高光谱影像数据的影响,以便更好确定随机映射的维数 P 的大小。再次,通过改变标志点在高光谱影像数据中所占的比例,全面对比 UL-Isomap 和 LIsomap 的计算时间来测试 UL-Isomap 的速度提升效果。然后,我们综合对比 LIsomap、VQ-LIsomap(采用 VQ 标志点替代随机标志点得到的改进 LIsomap)、UL-Isomap 以及 Isomap 降维结果的分类精度,评价 UL-Isomap 流形坐标的分类性能。最后,由于快速近似 k-邻域构建对 UL-Isomap 的降维结果非常重要,因此我们分析快速近似 k-邻域构建中重叠参数 α 对 UL-Isomap 的流形坐标的分类结果的影响。在此,我们没有分析快速随机低阶近似奇异值分解对 UL-Isomap 降维结果的作用,原因是它只是通过数学方法来降低 MDS 的计算复杂度而没有涉及任何重要参数的选取。实验中,我们采用 k-近邻(k-Nearest Neighbor,KNN)分类器(Cover 和 Hart,1967)、朴素贝叶斯(Naive Bayes,NB)分类器(McCallum 和 Nigam,1998)和支持向量机(Support Vector Machine,SVM)分类器(Steinwart 和 Christmann,2008)得到的总体分类精度(Overall Classification Accuracy,OCA)来综合评价各降维方法得到的嵌入结果的分类性能。KNN 分类器中,我们采用欧氏距离来度量各像素点间的相似性;SVM 分类器中,我们采用辐射基方程(Radial Basis Function,RBF)的核函数,其中方差参数和惩罚因子通过交叉验证获得。对每一个高光谱影像数据集,我们重复从训练样本和测试样本中采样 10 次,得到的结果是 10 次不同且独立的实验的平均结果。

5.6.1 实验数据

Indian 数据来自美国普渡大学遥感应用实验室［Laboratory for Applications of Remote Sensing (LARS),Purdue University］。数据由美国 JPL 成像光谱仪于 1992 年 6 月 12 日采集得到的 AVIRIS 数据。数据的波段数为 200,空间分辨率为 20 m,光谱分辨率为 10 nm,光谱区间为 200～400 nm。经过数据预处理包括辐射校正和坏线移除,剩余 172 个波段,得到的校正值与辐射值正向呈比例。图 5-3 为覆盖西拉法叶地区西部 6 mi (约 9 656 m)的一小块区域,包含 145×145 像素。图中共包含 16 类地物,各地物的训练和测试样本的地面实况信息如表 5-2(a)所示。

表 5-2　每一类别的训练和测试样本的地面实况信息

(a) Indian 数据

类 别			样 本	
类 号	类 名	解 释	训练	测试
1	Alfalfa	苜蓿	9	37
2	Corn-notill	未耕犁的玉米地	286	1 142
3	Corn-min	嫩玉米	166	664
4	Corn	玉米地	47	190
5	Grass/Pasture	草地	97	386
6	Grass/Trees	草树混合	146	584
7	Grass/pasture-mowed	犁过的草地	7	21
8	Hay-windowed	干草	96	382
9	Oats	燕麦	4	16
10	Soybeans-notill	未耕犁的大豆地	194	778

续　表

（a）Indian 数据

类　别			样　本	
类　号	类　名	解　释	训　练	测　试
11	Soybeans-min	嫩大豆	491	1 964
12	Soybeans-clean	收割后的大豆地	119	474
13	Wheat	小麦	41	164
14	Woods	树林	253	1 012
15	Bldg-Grass-Tree Drives	建筑-草地-树木混合	77	309
16	Stone-Steel towers	石钢塔	19	74
总　数			2 052	8 197

（b）PaviaU 数据

类　别			样　本	
类　号	类　名	解　释	训　练	测　试
1	Asphalt	柏油	839	3 356
2	Meadows	牧场	437	1 748
3	Gravel	碎石	420	1 679
4	Trees	树木	310	1 240
5	Painted metal sheets	喷漆金属薄板	269	1 076
6	Bare Soil	裸土	1 006	4 023
7	Bitumen	沥青	266	1 064
8	Self-Blocking Bricks	自封闭砖	469	1 878
9	Shadows	阴影	186	743
总　数			4 202	16 087

PaviaU 数据来自西班牙巴斯克大学计算智能课题组。影像由 ROSIS 传感器采集得到,覆盖帕维亚大学区域,共 103 个波段,空间分辨率为 1.3 m,

如图 5-4 所示。影像为较大数据集中的一部分,包含 350×340 像素,波段数为 103,包含 9 类地物(包括阴影),各地物的训练和测试样本的地面实况信息如表 5-2(b)所示。

图 5-3 Indian 数据

图 5-4 PaviaU 数据

5.6.2 VQ 标志点对分类结果的影响

本实验通过分析 VQ 标志点对总体分类精度 OCA 的影响来剖析其对 LIsomap 降维的嵌入坐标的改善效果。我们采用以上三种分类器来比较 LIsomap 和 VQ-LIsomap 的嵌入坐标的分类结果。对以上每一个高光谱数据集,低维嵌入维数的变化区间为 2 至 80,标志点的个数选为全部像素点个数的 10%,RLB 算法中分割阈值 r 的值设置为 500。Indian 数据集中,两种降维方法的邻域大小 k 设置为 30,LBG 算法中相对失真误差的阈值设置为 0.005;PaviaU 数据集中,两种降维方法的邻域大小 k 设置为 20,LBG 算中相对失真误差的阈值设置为 0.007。Indian 和 PaviaU 数据集中,VQ-LIsomap 和 LIsomap 的总体分类精度对比如图 5-5 所示。从图中可以看出,对任一分类器和任一高光谱数据集,尽管低维嵌入维数不断发生变化,VQ-LIsomap 的降维结果的总体分类精度 OCA 明显优于相同维数的

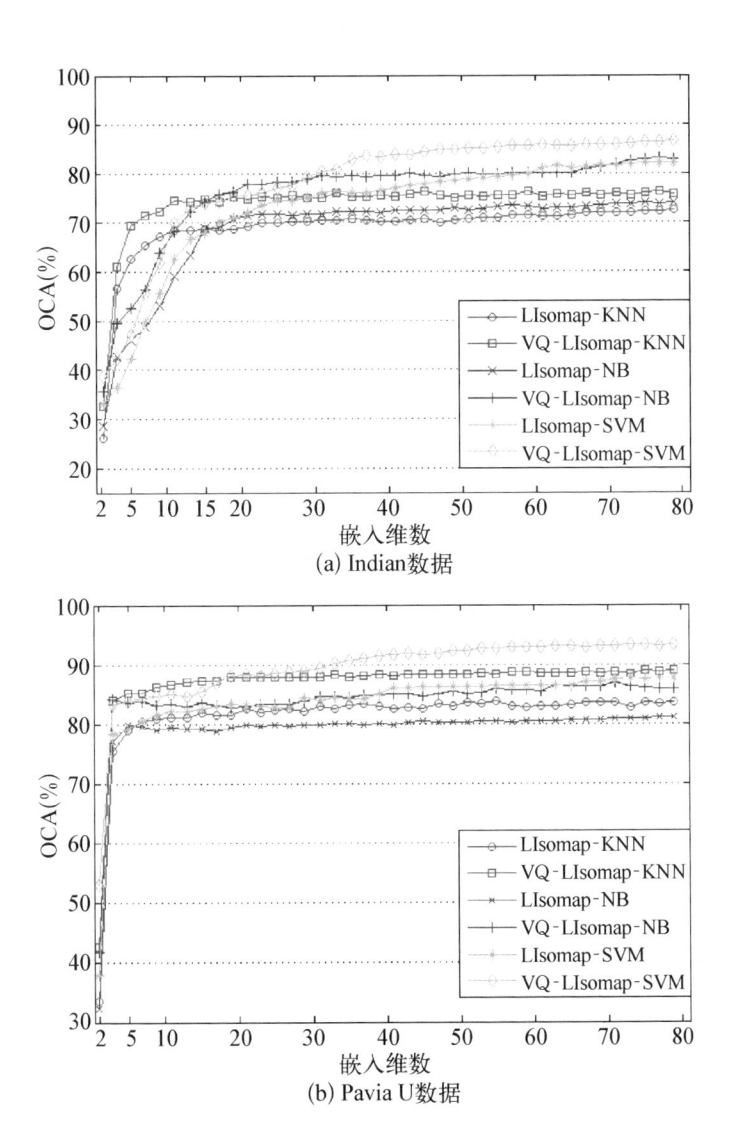

(a) Indian数据

(b) Pavia U数据

**图 5-5　VQ-LIsomap 和 LIsomap 方法的不同分类器的总体
分类精度 OCA 对比**

LIsomap 的分类结果。

　　而且,我们比较了利用 VQ-LIsomap 和 LIsomap 在某一合适维数的嵌入结果得到的每一类地物的分类精度,如图 5-6 所示。通过交叉验证, Indian 和 PaviaU 数据的嵌入维数分别设置为 50 和 40。对于 Indian 数据,

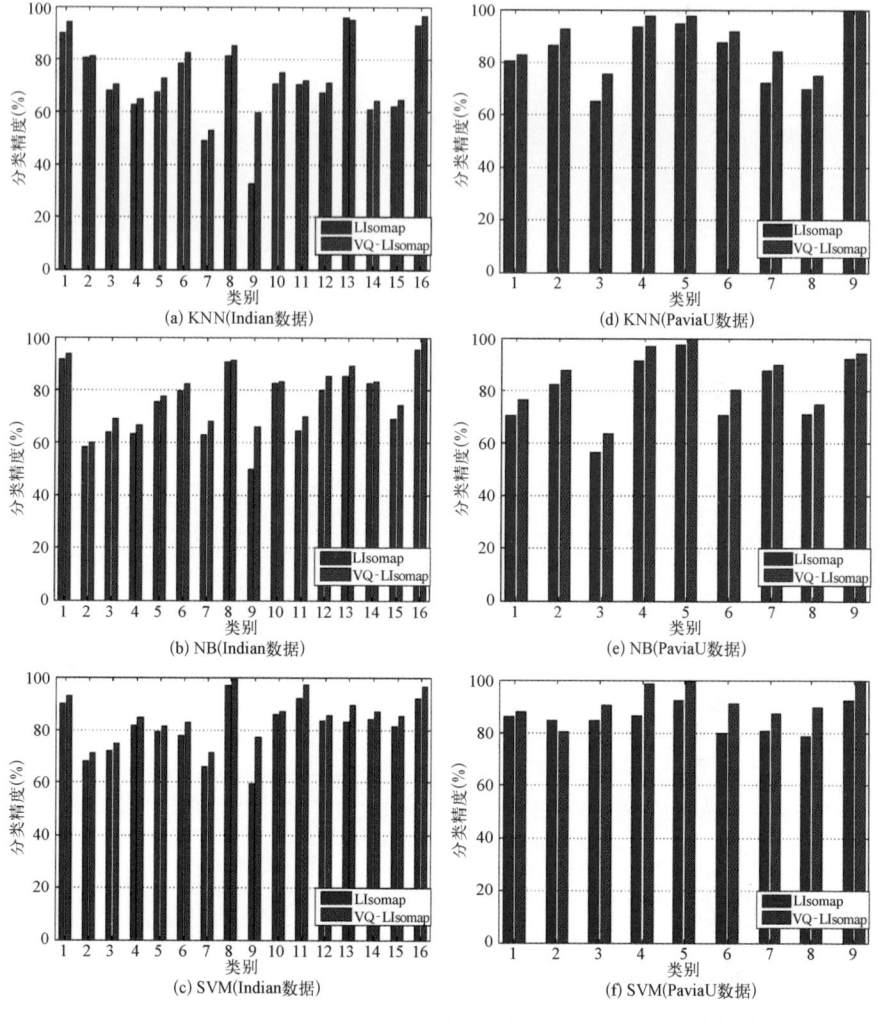

图 5-6 Indian 和 PaviaU 数据中 VQ-Isomap 和 LIsomap 方法在不同分类器下的每一类别地物的分类精度对比

第 7 类和第 9 类地物的分类精度较低,部分原因是由于训练样本较少。从图 5-6(a)—(c)可以看出,Indian 数据中,利用三种分类器得到的 VQ-Isomap 流形坐标的总体分类精度 OCA 都明显比 LIsomap 流形坐标的分类精度高,尤其标尺线在第 9 类地物。这说明 VQ 标志点能够提高

LIsomap 的低维嵌入结果,使得各类别的地物在低维流形上能够更容易被区分。同时,图 5 - 6(d)—(f)中 PaviaU 数据的三种分类器得到的每一类地物的分类精度也验证了以上结论。因此,我们得出以下结论:基于 VQ 方法的标志点选取能够明显提高 LIsomap 的嵌入结果,优于常规的随机标志点选取。

5.6.3　随机映射对高光谱数据的影响

本实验是为了分析随机映射的投影维数 P 对高光谱影像数据的影响。我们采用随机矩阵 $\boldsymbol{\Phi} \sim N(0, 1/P)$ 对 Indian 和 PaviaU 数据进行随机映射降维,然后利用以上三种分类器来直接进行分类。Indian 和 PaviaU 数据的投影维数区间分别选为 2—160 和 2—100。两个数据集的投影维数 P 与总体分类精度 OCA 的关系曲线如图 5 - 7 所示。从图中可以看出,对以上三种分类器,在投影维数 P 较小时,总体分类精度 OCA 都较低。这说明一个较小的投影维数 P 将造成高光谱数据的随机映射损失大量的重要信息。图 5 - 7(a)中,随着投影维数 P 从 2 增加至 10,总体分类精度 OCA 急剧增加,达到一个较高值。然后,OCA 曲线在投影维数 P 位于 10 和 20 之间时震荡剧烈,这个区间包含投影维数等于实际地物的类别个数的情况。最后,OCA 曲线在投影维数 $P = 20$ 时出现"拐点",此后变得较为平稳。图 5 - 7(b)中,随着投影维数 P 的增加,三种分类器得到的总体分类精度 OCA 快速上升至一个较大的值,然后在投影维数 $P = 10$ 之后开始缓慢增长,使得投影维数 $P = 10$ 处出现"拐点",而且拐点的值大于 PaviaU 数据中地物的类别个数。因此,我们得出以下结论:一个适度的投影维数 P,通常大于高光谱数据中地物的类别个数,能够保证随机映射保留高光谱数据的大部分重要信息。然而,考虑在"拐点"之后,总体分类精度 OCA 仍存在的缓慢上升趋势和随机映射的计算复杂度较低,我们通常选用一个稍大的投影维数 P 来保证实际的应用结果。

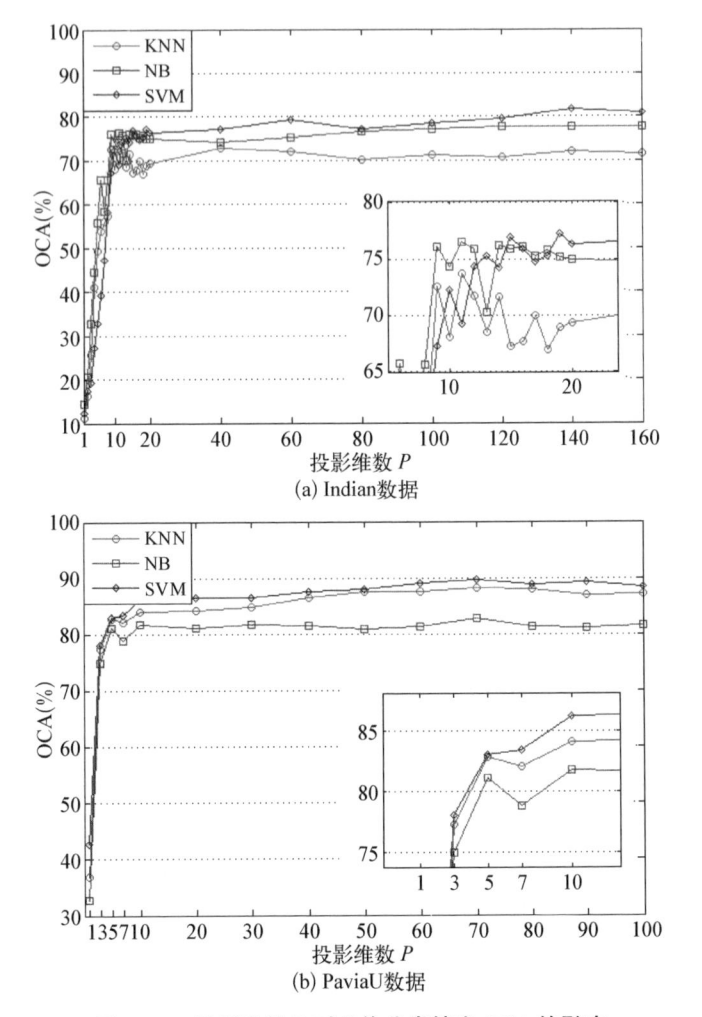

(a) Indian数据

(b) PaviaU数据

图 5-7　投影维数 P 对总体分类精度 OCA 的影响

5.6.4　UL-Isomap 的计算速度性能

　　本实验是为了测试 UL-Isomap 相比 LIsomap 方法的速度提升情况。在此，我们比较 UL-Isomap 和 LIsomap 的总体计算性能而不比较单独的每一步。从表 5-1 可以看出，相比标志点的个数，嵌入维数 d 对 L-Isomap 的计算复杂度影响较小，因此，我们通过改变标志点在高光谱影像数据中所在的比例来研究 UL-Isomap 和 LIsomap 的计算时间对比。对于 Indian 数据，邻域大小 k 和嵌入维数 d 分别设置为 30 和 50；UL-Isomap 中投影维数 P 和重叠参数 α 分别设置为 100 和 0.1。PaviaU 数据中，邻域大小 k 和嵌入维数 d 分别设置为 20 和 40；UL-Isomap 中的投影维数 P 和重叠参数 α 分别设置为 60 和 0.2。Indian 和 PaviaU 数据中标志点的比例的变化区间分别为 $10\%\sim50\%$ 和 $2.73\%\sim13.6\%$。UL-Isomap 中的其他参数设置与上述实验保持一致。

我们采用 $2\times2.26\,\text{GHz}$ 4 核处理器、16G 内存的 Mac OS X 电脑来进行实验。UL-Isomap 和 LIsomap 的代码都通过 Matlab 2009a 编译得到。Indian 和 PaviaU 数据中 UL-Isomap 和 LIsomap 的计算时间对比如图 5-8 所示。图中，对任一比例的标志点，UL-Isomap 的计算时间明显低于 LIsomap。同时，随着标志点在高光谱影像数据中占的比例越高，UL-Isomap 的计算时间曲线的增长速度明显低于 LIsomap。此外，为了量化对比两种方法的计算时间差异，表 5-3 中列出了不同比例的标志点情况下

表 5-3　Indian 和 PaviaU 数据中 UL-Isomap 和 LIsomap 的计算速度对比

数　据	标志点比例（%）	计算时间（s）		时间比率（LIsomap/UL-Isomap）
		UL-Isomap	LIsomap	
Indian 数据	10	71.46	359.37	5.03
	20	127.95	674.09	5.27
	30	252.93	1.452e+03	5.74
	40	345.05	2.771e+03	6.58
	50	492.39	6.982e+03	14.18
PaviaU 数据	2.73	1.528e+03	8.657e+03	5.67
	5.50	4.663e+03	3.460e+04	7.42
	8.18	9.062e+03	8.521e+04	9.40
	10.9	1.572e+04	1.651e+05	10.05
	13.6	2.290e+04	2.720e+05	11.88

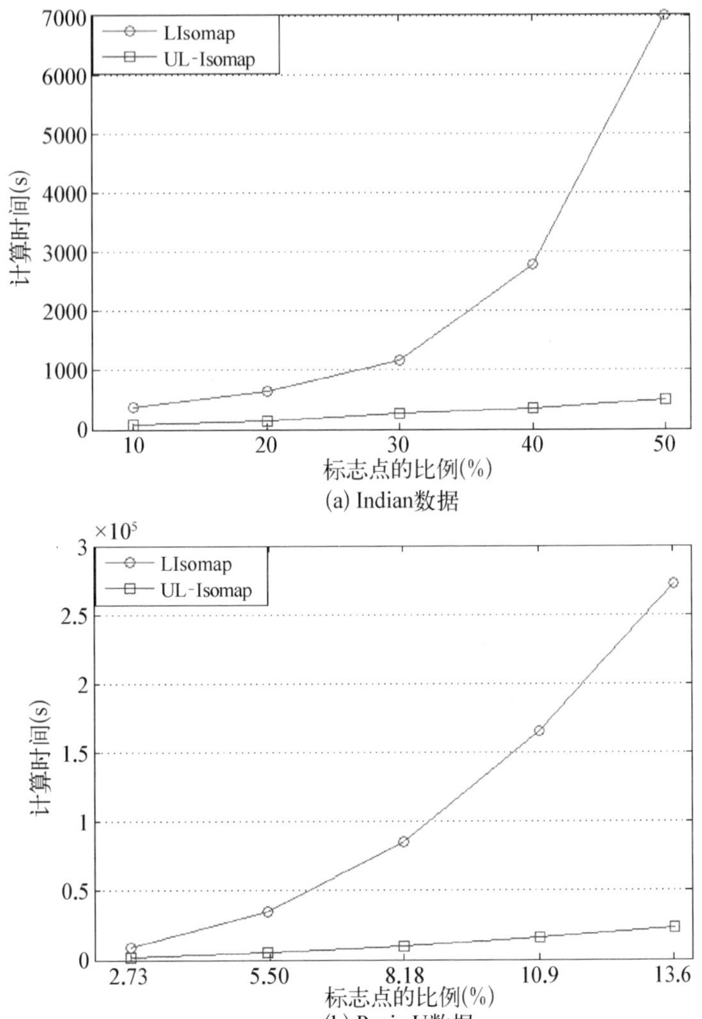

(a) Indian数据

(b) Pavia U数据

图 5-8　不同比例的标志点情况下 UL-Isomap 与 LIsomap 的计算时间对比

LIsomap 和 UL-Isomap 的计算时间的比率。对于 Indian 数据，当标志点占高光谱影像数据的像素点的比例为 10％时，UL-Isomap 的计算时间比 LIsomap 缩短了 5.03 倍；而且这种优势随着标志点比例的提高而逐渐增强。类似地，PaviaU 数据中，随着标志点的比例从 2.73％提高到 13.6％，

LIsomap 和 UL-Isomap 的计算时间的比率从 5.67 提高至 11.8。因此,我们得出以下结论:UL-Isomap 的计算速度明显优于 LIsomap,随着标志点数量的增加,能够提高至少 5 倍的 LIsomap 的计算速度。

5.6.5　UL-Isomap 的分类性能

本实验是为了全面对比分析 UL-Isomap 和 LIsomap 的嵌入结果的分类性能。相比 VQ-LIsomap 对 LIsomap 的改进,UL-Isomap 采用三种速度提升策略来进一步改进 LIsomap,包括随机映射、快速近似 k-邻域图构建和快速随机低阶近似奇异值分解。这三种速度提升策略与 LIsomap 降维的嵌入维数关系不大,因此我们选择一个合适的嵌入维数来研究 UL-Isomap 的分类问题。另一方面,除了对 UL-Isomap 的计算速度有很大影响外,标志点在高光谱影像数据中所占的比例与低维嵌入结果也密切相关。因此,我们从改变标志点比例的角度来研究 UL-Isomap 的分类性能,并同 VQ-LIsomap 和 LIsomap 进行对比。对于以上任一降维方法,经过交叉验证,Indian 和 PaviaU 数据的嵌入维数分别为 50 和 40。对于 Indian 数据,三种方法的邻域大小 k 都为 30;UL-Isomap 中投影维数 P 为 80,重叠参数 α 和相对失真误差的阈值分别为 0.15 和 0.05。对于 PaviaU 数据,三种方法的邻域大小 k 都设置为 25;UL-Isomap 中投影维数 P 为 80,重叠参数 α 和相对失真误差的阈值分别为 0.1 和 0.01。其他参数的设置同前面的实验保持一致。

表 5-4 列出了不同比例的标志点的 LIsomap、VQ-LIsomap 和 UL-Isomap 的三种分类器得到的总体分类精度 OCA。对每一分类器和每一个数据集,随着标志点比例的提升,VQ-LIsomap、LIsomap 和 UL-Isomap 的总体分类精度 OCA 都单调地缓慢递增。这表明标志点数量的增加能够改善它在低维嵌入空间的分布进而提升低维嵌入结果。同时,对任一比例的标志点和任一分类器,VQ-LIsomap 得到的总体分类精度 OCA 始终高于

表 5 - 4　Indian 和 PaviaU 数据中几种降维方法在不同比例的标志点和不同
分类器下的总体分类精度 OCA 对比

数　　据	比例(%)	分类器	OCAs(%)			
			LIsomap	VQ-LIsomap	UL-Isomap	Isomap
Indian 数据	10	KNN	70.73	75.56	74.44	76.82
		NB	73.12	79.97	79.04	80.57
		SVM	78.72	85.12	83.86	85.72
	20	KNN	71.02	75.91	74.87	76.82
		NB	73.73	80.24	79.36	80.57
		SVM	79.24	85.33	84.62	85.72
	30	KNN	71.46	76.24	75.30	76.82
		NB	74.08	80.48	79.63	80.57
		SVM	79.86	85.75	84.91	85.72
	平均值		74.66	80.51	79.56	81.03
PaviaU 数据	2.73	KNN	82.76	88.64	87.27	89.47
		NB	79.32	84.56	83.74	86.03
		SVM	84.61	90.43	89.28	91.49
	5.50	KNN	82.93	88.82	88.04	89.47
		NB	79.71	85.17	84.01	86.03
		SVM	84.97	91.29	89.86	91.49
	8.18	KNN	83.32	89.09	88.27	89.47
		NB	79.96	85.32	84.36	86.03
		SVM	85.32	91.45	90.59	91.49
	平均值		82.54	88.31	87.27	89.00

LIsomap,在 Indian 和 PaviaU 数据中分别高约 5.85% 和 5.77%。这再次验证了 5.6.2 节的实验结论。同时,对相同比例的标志点和相同的分类器,UL-Isomap 得到的总体分类精度 OCA 都略低于 VQ-LIsomap,在 Indian 和 PaviaU 数据中分别低约 0.95% 和 1.04%。这表明引入三种速度

提升策略到 UL-Isomap 仅仅降低了约 1% 的 VQ-LIsomap 的嵌入结果的总体分类精度 OCA，UL-Isomap 的分类性能仍然优于 LIsomap。而且，通过对比 UL-Isomap 和 Isomap 发现，UL-Isomap 的总体分类精度 OCA 在 Indian 和 PaviaU 数据中分别平均比 Isomap 低约 1.47% 和 1.73%。此外，VQ-LIsomap 和 Isomap 的总体分类精度 OCA 对比表明，一个合适数量的 VQ 标志点能够获得等于或略低于 Isomap 的总体分类精度 OCA。

5.6.6　快速近似 k-邻域构建对分类的影响

本实验是为了分析快速近似 k-邻域构建中重叠参数 α 对 UL-Isomap 的分类结果的影响。实验中，Indian 和 PaviaU 数据的重叠参数 α 的变化区间为 $0.05 \sim 0.4$，变化步长为 0.05。对于每个高光谱数据集，UL-Isomap 中的其他参数设置与 5.6.5 节中实验保持一致。图 5-9 为重叠参数 α 与不同分类器得到的总体分类精度 OCA 的关系曲线。对每一个数据集和每一分类器，随着重叠参数 α 从 0.05 增加到 0.4，总体分类精度 OCA 总体增长缓慢，尽管有一些少许的波动。这说明一个较大的重叠参数 α 使得快速近似 k-邻域更加接近实际邻域结果，能够正面影响后期的总体分类精度 OCA。然而，一个较大的重叠参数 α 将导致快速近似 k-邻域图构建的计算量很大。因此，从实际应用的角度出发，较小的重叠参数 α 能够带来较高的 UL-Isomap 的总体分类精度 OCA，而且能在高精度的分类结果和快速近似 k-邻域图的低计算复杂度之间达到一个较好的平衡。

5.6.7　讨论

基于 Indian 和 PaviaU 两个高光谱影像数据集，前面五节的实验全面分析了 UL-Isomap 方法的计算速度和分类性能。实验结果表明，VQ 标志点能够明显改善 UL-Isomap 的低维嵌入结果，效果优于常规的随机标志点。同时，随机映射在一个适度的通常大于类别数的投影维数条件下，能

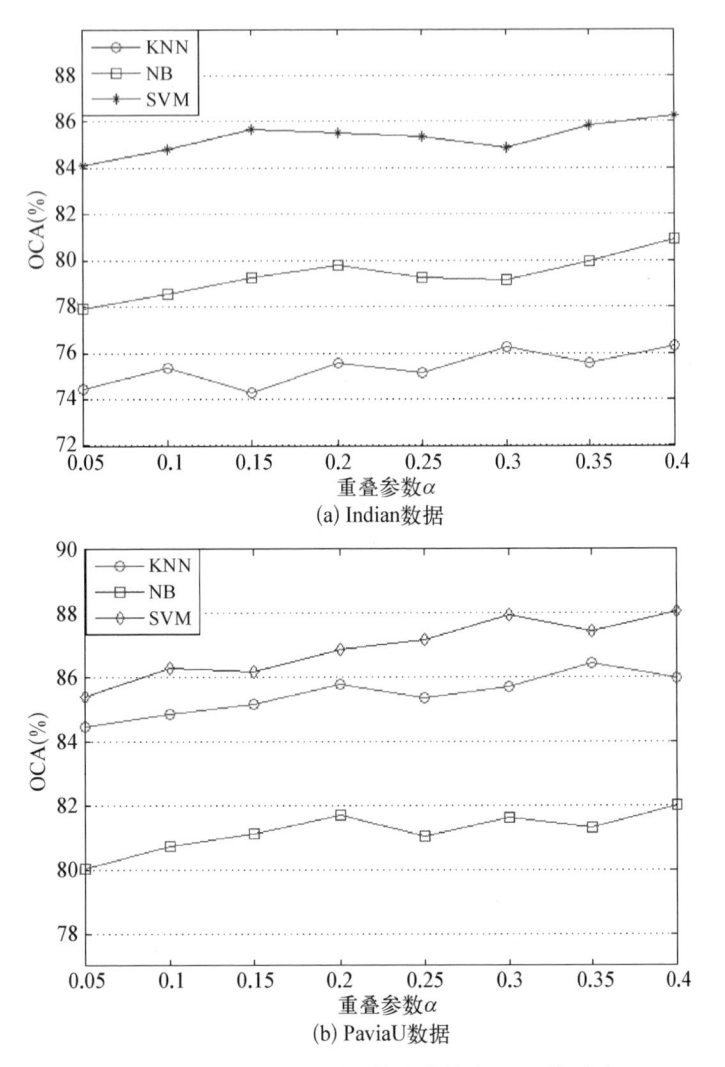

图 5-9　重叠参数 α 对总体分类精度 OCA 的影响

够最大程度地保留原始高光谱影像数据的重要信息。UL-Isomap 能够提高 LIsomap 至少 5 倍的计算速度,而仅仅相比 VQ-LIsomap 方法损失约 1％的总体分类精度。UL-Isomap 的流形坐标得到的总体分类精度 OCA 远远高于原来的 LIsomap,仅略低于 Isomap 的总体分类精度 OCA 约 1.4％。此外,实验结果显示,一个较小的重叠参数 α 能够使得 UL-Isomap

的嵌入结果获得较高的总体分类精度而且计算复杂度较小。

5.7　本 章 小 结

目前 Isomap 在高光谱影像数据的降维应用中存在一些问题,没有考虑高光谱影像数据在高维光谱空间中的分布以及高光谱数据的计算量大等特性。因此,本章提出 UL-Isomap 方法来提高 Isomap 在高光谱影像降维中的应用效果,从标志点选取和计算速度两个方面改善 LIsomap 方法。通过分析常规的随机标志点的不足,采用 VQ 标志点来替代原来的随机标志点,改善 LIsomap 的低维嵌入结果。通过随机映射、基于递归兰索斯切分的快速近似 k-邻域构建和快速随机低阶近似奇异值分解三种策略来综合提高 LIsomap 的计算效率。在此基础上,归纳总结出 UL-Isomap 方法并对比 LIsomap 的计算复杂度。基于 Indian 和 PaviaU 两个高光谱数据集和五组设计实验,从分类和计算速度两个方面,综合验证分析 UL-Isomap 方法。实验结果显示,UL-Isomap 能够明显提高 LIsomap 的低维嵌入结果的总体分类精度 OCA,而且能够提高至少约 5 倍的 LIsomap 的计算速度。

第6章

高光谱影像的 ENH‐LTSA 降维

6.1 引　　言

第 5 章中,我们通过提高 LIsomap 的计算速度和改进标志点的选取策略,提出 UL-Isomap 方法来改善高光谱影像数据的 LIsomap 降维的实际应用效果。本章我们将研究另外一种流形学习方法 LTSA 的降维改进模型。第 5 章中提出的三种速度提升策略(随机映射、快速近似 k-邻域构建和快速随机低阶近似奇异值分解)对 LIsomap 的计算效率的提升效果非常明显。然而由于 LTSA 和 Isomap 的数学模型不同(即所构建的邻域结构和利用邻域结构得到全局低维嵌入的方式不同),这导致这三种速度提升策略对 LIsomap 和 LTSA 的效果不同。考虑 LTSA 在高光谱影像数据降维中的计算复杂度也较高,我们将应用以上三种速度提升策略来提升 LTSA 的计算效率,进一步推广和验证提出的速度提升策略。同时,现有的 LTSA 降维往往忽略高光谱影像数据的"图谱合一"特性,尤其表现在高维光谱向量空间中的 k-邻域构建。邻域往往通过欧氏距离搜索最近的 k 个像素点得到,这使得 LTSA 降维没有考虑光谱向量的空间特性,导致 k-邻域图无法准确表达高光谱数据中各像素点的局部几何结构,严重影响低维嵌入结果。

因此,本章中我们提出 ENH－LTSA(Enhanced Local Tangent Space Alignment,ENH－LTSA)方法来改进常规的高光谱影像 LTSA 降维。ENH－LTSA 采用自适应加权综合核距离替代原有的欧氏距离来搜索高维向量空间中的 k-邻域,以改善 LTSA 的低维嵌入结果,能够同时考虑高光谱影像数据的光谱特性和空间特性。而且 ENH－LTSA 采用三种速度提升策略包括随机映射、快速近似 k-邻域构建和全局排列矩阵的快速近似奇异值分解来提高高光谱影像数据 LTSA 降维的计算效率。

6.2　考虑空间特性的 k－邻域选取

高光谱影像数据的 LTSA 中,像素点间的相似性往往通过欧氏距离来度量,进而按照距离的远近搜索近邻点来构建 k-邻域图。然而,高光谱影像具有"图谱合一"的特性,因此,需要考虑兼顾高光谱数据的空间特性来选择 k-邻域。在本节中,我们首先分析基于欧氏距离的常规 k-邻域构建的不足,然后提出自适应加权综合核距离的度量方法来选取高光谱影像数据的 k-邻域,目的在于改善高光谱影像的 LTSA 低维嵌入结果。

6.2.1　常规 k－邻域选取的不足

通常情况下,欧氏距离常用来量测高维光谱空间中两像素点间的相似度;欧氏距离越小,相似性越高。在高光谱影像 LTSA 降维中,每个像素点都被视为高维光谱空间中的一个样本点,对应于一个高维的光谱向量,k-邻域的选取采用欧氏距离来比较各像素的光谱向量之间的相似性搜索得到。然而,不同于常规的高维数据集,高光谱影像数据具有"图谱合一"的特性,其中的每一个像素点具有能够反映地物的光谱特性的光谱向量,同时它对应于实际影像空间中的一个地理位置,即具有空间特性。特别地,在高光谱影像场景中,由于受到不同地形、不同土壤成分、不同光照条件及影像的空间分辨率的影响,同类地物的光谱特性随着空间位置的变化而发生变化,即代表同类地物的像素点的光谱向量与其空间位置存在密切联系。例如,在图 6‐1(a)的 Botswana 高光谱影像数据中,同一类别的水体分别存在影像场景中的三个不同的空间位置,如图 6‐1(b)所示。然而,在图 6‐1(c)中可以发现,这三个位置的水体的平均光谱曲线并不相同,与空间位置存在密切关系。这种情况下,如果利用各光谱向量之间的欧氏距离来量度各像素在高维光谱空间中的相似性,这必然将构建不准确的 k‐邻域图结果,进而严重影响 LTSA 的低维嵌入结果。因此,考虑高光谱影像的空间特性,常规的基于欧氏距离的 k‐邻域选择策略并不适合高光谱影像数据的 LTSA 降维。

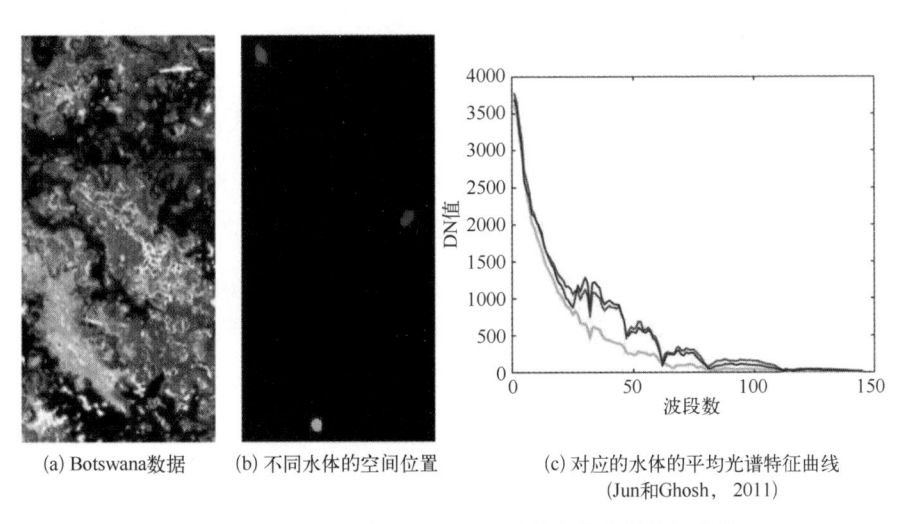

(a) Botswana数据   (b) 不同水体的空间位置   (c) 对应的水体的平均光谱特征曲线
                                                    (Jun和Ghosh, 2011)

图 6‐1   Botswana 数据中不同位置的水体光谱特征曲线

6.2.2   自适应加权综合核距离

鉴于高光谱影像数据的"图谱合一"特性,像素的相似性度量开始考虑加入高光谱影像的空间特征。高光谱影像的空间特征尤其表现为地物的光谱特征随空间位置而发生变化。在一个适当大小的空间邻域内,各地物可视为具有相同的光照、地形和土壤等环境条件,因此影像中光谱特征的空间变异可通过中心像素与其空间邻域(空间窗口)内像素的关系来描述。在此基础上,Camps-Valls 提出采用加权综合核(Weighted Summation Kernal,WSK)距离来改善各像素点间的相似性度量策略(Camps-Valls 等,2006)。WSK 距离利用径向基核函数的优势,同时顾及高光谱影像数据的光谱特征和空间特征。WSK 距离 $dist(x_i, x_j)$ 的计算公式如下式(6-1):

$$
dist(x_i, x_j) = \mu \exp\left(-\frac{\| x_i^{spa} - x_j^{spa} \|^2}{\sigma^2}\right) +
$$

$$
(1-\mu) \exp\left(-\frac{\| x_i^{spe} - x_j^{spe} \|^2}{\sigma^2}\right) \tag{6-1}
$$

式中 μ 是平衡因子且 $0 < \mu < 1$,调节光谱特征和空间特征的权重;x_i^{spe} 是像素 x_i 的归一化的光谱向量;x_i^{spa} 是像素 x_i 的空间特征向量,通过空间邻域内的像素点的光谱向量均值计算得到;$\| \cdot \|^2$ 是指两向量间的欧氏距离平方;σ 是径向基核函数的方差。空间特征向量是由像素点的光谱向量计算得到,所以式(6-1)中采用统一的方差 σ。同时,式(6-1)中的径向基核函数仅用于量度两像素点的相似性,不同于其他应用如异常检测和分类中用于控制训练样本子集拟合的松紧性(Banerjee 等,2006;Tarabalka 等,2010),因此方差 σ 的大小对 $dist(x_i, x_j)$ 影响不大。为了实验简单且使用方便,设置 $\sigma = 1$。

　　WSK 距离通常采用统一的空间邻域来计算像素点的空间特征向量,这容易产生一些问题。例如,图 6-2 中,像素点 A 和 B 都代表同一类地物 Soybeans-notill(未耕犁的大豆地)。然而,很明显,位于两类不同地物边界的像素点 B 的空间邻域应小于位于同类地物围绕的中心像素点 A 的空间

**图 6-2　同一类别地物的不同
空间位置示意图**

邻域。否则,像素点 B 的空间邻域
过大则导致空间窗口包含不同类地
物而影响空间特征向量的估算。

　　我们提出自适应空间窗口来改
善 WSK 距离,称为自适应加权综合
核（Adaptive Weighted Summation
Kernal，AWSK）距离。AWSK 距
离计算公式相同于常规 WSK 距离,
但通过自适应方法来估计空间邻域
的大小,进而更加准确反映高光谱
影像的空间特征。自适应空间窗口
的原理如下:在以像素点 x_i 为中心的一组空间窗口集中,内部元素间光谱
向量平均变异最小的窗口即为 x_i 的最优空间窗口。假设像素点 x_i 的空间
窗口集为 $B = \{b_j\}$，$j = 1，\cdots，g$，g 为空间窗口集中候选窗口个数;假设
窗口 b_j 内光谱向量集 S_j 所含的光谱向量个数为 h_j，自适应空间窗口的计
算步骤如下:① 对每一空间窗口 b_j，计算内部各元素的方差得到方差向量
$J_j = \text{var}(S_j)$，其中 var 为方差计算操作符;② 计算每个空间窗口内个元素
的方差向量 J_j 的平均方差,得到二阶方差向量 $R = [\text{var}(J_{b_1})/h_1，$
$\text{var}(J_{b_2})/h_2，\cdots，\text{var}(J_{b_g})/h_g]$;③ 计算最小的二阶方差 $\min(R)$ 对应的窗
口为最优空间窗口。通常,空间窗口集中最大窗口通过交叉验证人为设
置,最小窗口设置为 $3×3$。特殊地,对于位于两类不同地物边界的像素点,
最优窗口即为最小窗口 $3×3$。遍历每个像素点,可得到该像素点对应的最
优空间窗口大小,进而估算得到该像素点的空间特征向量。自适应空间窗
口能够保证最优窗口内各像素点间的光谱特征差异最小,一定程度上反映
窗口内光照、土壤及地形等环境条件差异最小,因此能够更好适应高光谱
影像的空间特征表达。

6.3　速度提升策略

高光谱影像 LTSA 降维的计算时间随像素个数 N 的增加而呈指数增长,计算复杂度为 $O(N^3)$,其中 N 为像素的个数。而且,LTSA 的低维嵌入维数对计算复杂度的影响也很大。例如,在戴尔 Xeon E5400 2.83 GHz 处理器、32GB 内存和 Windows 7 操作系统的计算环境下,对 ROSIS 传感器获取的 PaviaU 高光谱影像数据进行 LTSA 降维得到 20 维的低维嵌入结果耗时约 1.437e+05 s(约 4 h)。在实际应用中,高光谱影像包含较多的像素个数及波段数,这使得获取维数稍高的 LTSA 降维结果所需的时间异常长。因此,需要降低 LTSA 的计算复杂度来满足后续的分类、目标识别和异常探测等应用。在本节中,我们采用三种策略来综合降低高光谱影像 LTSA 降维的计算复杂度。首先,采用随机映射来减少原始高光谱影像的波段数;其次,采用快速近似 k-邻域构建来提升高光谱影像数据在高维光谱空间中 k-邻域的构建速度;最后,采用快速随机低阶近似奇异值分解来提高全局排列矩阵的本征分解速度。

由于随机映射和快速近似 k-邻域构建方法与 5.4.1 节和 5.4.2 节中相关内容一致,我们在此不做过多介绍。另一方面,考虑 LIsomap 和 LTSA 中的利用特征分解求取全局低维嵌入的一些细节差异,我们在此侧重介绍利用快速低阶奇异值分解方法应来提高全局排列矩阵的本征分解的计算速度。

高光谱影像 LTSA 降维中,全局排列矩阵本征分解的计算复杂度为 $O(N^3)$,因此引入快速随机低阶近似奇异值分解来降低其复杂度至 $O(dN^2)$,其中 d 为低维嵌入的维数(Rokhlin 等,2008)。假设全局排列矩阵为 $\boldsymbol{\Phi}$,快速近似奇异值分解算法通过找到 d 阶分解来逼近 $\boldsymbol{\Phi}$,如式(6‐2):

$$\underset{N\times N}{\boldsymbol{\Phi}} \approx \underset{N\times d}{\hat{\boldsymbol{U}}} \underset{d\times d}{\hat{\boldsymbol{\Sigma}}} \underset{N\times d}{\hat{\boldsymbol{V}}^{\mathrm{T}}} \tag{6-2}$$

式中，$\hat{\boldsymbol{\Sigma}}$ 是对角线为前 d 个递减本征值的对角阵，$\hat{\boldsymbol{U}}$ 为 d 个本征值对应的本征向量。由于 LTSA 的流形坐标需要 $\boldsymbol{\Phi}$ 的 2 至 $d+1$ 个本征值对应的本征向量，因此通过逼近 $\boldsymbol{A} = \lambda_1 \boldsymbol{I} - \boldsymbol{\Phi}$ 来得到对应的本征向量，其中 λ_1 为 $\boldsymbol{\Phi}$ 的最大的本征值。假设 $m = d+1$，$l = m+2$ 且 $l < N-m$，首先构建均值为 0 且方差为 1 的随机矩阵 $\boldsymbol{G}_{l\times N}$，并得到矩阵 $\boldsymbol{R} = \boldsymbol{G}(\boldsymbol{A}\boldsymbol{A}^{\mathrm{T}})\boldsymbol{A}$。其次，通过对 R^{T} 进行奇异值分解得到其左 m 列本征向量构成的矩阵 $\boldsymbol{B}_{N\times m}$，以及对应的积矩阵 $\boldsymbol{T}_{N\times m} = \boldsymbol{A}\boldsymbol{B}$。接下来，通过对 $\boldsymbol{T} = \boldsymbol{U}\boldsymbol{\Sigma}\boldsymbol{W}^{\mathrm{T}}$ 的奇异值分解得到矩阵 $\boldsymbol{U}$ 和 $\boldsymbol{W}$，以及积矩阵 $\boldsymbol{V}_{N\times m} = \boldsymbol{B}\boldsymbol{W}$。最后，所求的 MSU - LTSA 的流形坐标为矩阵 $\boldsymbol{V}$ 的左 2 至 m 列构成的向量集。

6.4 高光谱影像的 ENH - LTSA 降维算法

高光谱影像的 ENH - LTSA 降维方法通过改进 k -邻域搜索和计算速度两方面来提升常规的 LTSA 方法。AWSK 距离能够考虑高光谱影像数据的光谱特性和空间特性，改善高维空间中各像素点的 k -邻域搜索结果。ENH - LTSA 采用三种策略来综合提高 LTSA 的计算速度：① 随机映射预先减少高光谱影像数据的维数从 R^D 到 R^P，并加速后续的近似 k -邻域图构建；② 递归兰索斯切分的快速近似 k -邻域构建降低常规的 k -邻域构建的计算复杂度从 $O(PN^2)$ 到 $O(PN^a)$；③ 快速随机近似奇异值分解降低全局排列矩阵 $\boldsymbol{\Phi}$ 的计算复杂度从 $O(N^3)$ 到 $O(dN^2)$。假设高光谱影像数据为向量集 $X = [x_1, \cdots, x_N]^{\mathrm{T}} \in R^D$，假设高光谱影像数据的低维流形坐标向量集 $Y = [y_1, \cdots, y_N]^{\mathrm{T}} \in R^d$，其中 N 和 D 分别为像素点个数和波段数，d 为低维流形坐标的维数。高光谱影像 ENH - LTSA 降维的算法流程如

图 6－3 所示,包含以下几个步骤:

（1）采用 5.4.1 节中的随机映射公式(5－5)来降低高光谱影像的波段数 D;

（2）采用 AWSK 距离来度量像素点之间的相似性,利用递归兰索斯切分方法来快速构建近似 k-邻域,得到近似的 k-邻域图;

（3）最小化公式(2－2)来获得每个像素点的局部流形坐标 θ,并通过最小化公式(2－4)得到全局的排列矩阵 $\boldsymbol{\Phi}$;

（4）采用公式(6－2)中的快速随机低阶近似奇异值分解得到 ENH－LTSA 的全局流形坐标 Y。

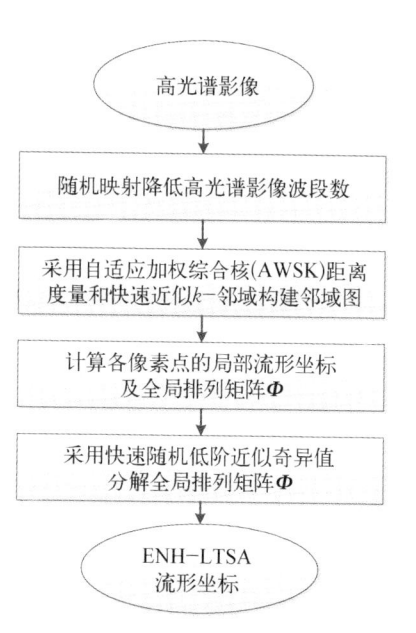

图 6－3　高光谱影像 ENH－LTSA 降维方法的流程

表 6－1 对比了 ENH－LTSA 与 LTSA 的计算复杂度,其中 D 和 N 为高光谱影像数据的波段数和像素个数;P 为随机映射的投影维数;d 为低维嵌入的维数;k 为邻域大小;$a=1/[1-\log_2(1+\alpha)]$,α 为重叠参数且 $0<\alpha<1$;g 是空间窗口集中窗口的个数;h_g 是最大的空间窗口中所含的像素点个数。可以看出,自适应空间窗口的计算对 ENH－LTSA 的计算负担的增加很小。同时,相比 LTSA,ENH－LTSA 的计算复杂度明显较低。

表 6－1　ENH－LTSA 与 LTSA 的计算复杂度对比

步　　骤	计 算 复 杂 度	
	ENH－LTSA	LTSA
（1）随机映射减少高光谱影像波段数	$O(DPN)$	—
（2）k-邻域搜索	$O[(PN^a)+Nh_g(g+1)]$	$O(DN^2)$

步　骤	计　算　复　杂　度	
	ENH‑LTSA	LTSA
(3) 局部切空间和全局排列矩阵构建	$O(PNk^3)+O(k^2d)$	$O(DNk^3)+O(k^2d)$
(4) 全局排列矩阵的奇异值分解	$O(dN^2)$	$O(N^3)$
总体复杂度	$O(DPN)+O(PN^a)+$ $O(PNk^3)+O(k^2d)+$ $O(dN^2)+Nh_g(g+1)$	$O(DN^2)+O(DNk^3)+$ $O(k^2d)+O(N^3)$

6.5　实　验　分　析

在本节中,我们从降维的计算速度和流形坐标的分类效果两个方面,利用 Indian 和 Urban 两个高光谱数据集设计五组实验,全面测试提出的 ENH‑LTSA 方法。首先,我们分析自适应加权综合核(AWSK)距离对分类结果的影响,间接评价 AWSK 对 LTSA 嵌入结果的改进效果。其次,通过改变不同的邻域 k 和降维的嵌入维数 d,我们对比 LTSA 方法的计算速度来验证 ENH‑LTSA 的计算效率的提升效果。再次,通过对比 ENH‑LTSA,LTSA,LLTSA,PCA 和 LE,我们综合评价 ENH‑LTSA 的流形坐标的分类性能。然后,通过分析随机映射对 ENH‑LTSA 的低维嵌入坐标的分类结果的影响,我们能够更好确定随机映射的投影维数 P 的大小。最后,由于快速近似 k‑邻域构建对 ENH‑LTSA 的降维结果意义重大,因此,我们分析快速近似 k‑邻域构建中重叠参数 α 对 ENH‑LTSA 的流形坐标的分类结果的影响。

实验中,我们采用 k‑近邻(k‑nearest neighbor,KNN)分类器(Cover

和 Hart，1967)、朴素贝叶斯(Naive Bayes，NB)分类器(McCallum 和 Nigam，1998)和支持向量机(Support Vector Machine，SVM)分类器 (Steinwart 和 Christmann，2008)来开展分类实验。同时,我们采用平均分类精度(Average Classification Accuracy，ACA)、总体分类精度(Overall Classification Accuracy，OCA)和卡帕系数(Kappa Coefficient，KC)来综合评价各种低维嵌入坐标的分类效果。KNN 分类器中,我们采用常规的欧氏距离来度量各像素点间的相似性,邻域大小设置为 1；SVM 分类器中,我们采用辐射基方程(Radial Basis Function，RBF)的核函数,其中方差参数和惩罚因子通过交叉验证获得。对每一个高光谱影像数据集,我们重复从训练样本和测试样本中采样 10 次,得到的实验结果是 10 次不同且独立的实验的平均结果。

6.5.1　实验数据

Indian 数据来自美国普渡大学遥感应用实验室[Laboratory for Applications of Remote Sensing (LARS)，Purdue University]。数据由美国 JPL 成像光谱仪于 1992 年 6 月 12 日采集得到,波段数为 200,空间分辨率为 20 m,光谱分辨率为 10 nm,光谱区间为 200～400 nm。图 6-4 为覆盖西拉法叶地区西部 6 mi(约 9 656 m)的一小块区域,包含 145×145 像素。图中共包含 16 类地物,各地物的训练和测试样本信息如表 6-2(a)所示。

Urban 数据是来自美国陆军地理空间中心获取的 HYDICE 数据。数据采集于 1995 年 10 月,空间分辨率为 2 m,光谱分辨率为 10 nm。影像大小为 307×307 像素,覆盖美国德克萨斯州科帕拉斯区域(靠近胡德堡),如图 6-5 所示。对原始的 210 个波段数据进行预处理,移除低噪比波段区间[1—4,76,87,101—111,136—153,198—210],剩余 162 个波段。图中共包含 22 类地物,各地物的训练和测试样本信息如表 6-2(b)所示。

图 6-4 Indian 数据

图 6-5 Urban 数据

表 6-2 Indian 和 Urban 数据中每一类别的训练和测试样本的地面实况信息

类 别			样 本	
类 号	类 名	解 释	训 练	测 试
1	Alfalfa	苜蓿	9	37
2	Corn-notill	未耕犁的玉米地	286	1 142
3	Corn-min	嫩玉米	166	664
4	Corn	玉米地	47	190
5	Grass/Pasture	草地	97	386
6	Grass/Trees	草树混合	146	584
7	Grass/pasture-mowed	犁过的草地	7	21
8	Hay-windowed	干草	96	382
9	Oats	燕麦	4	16
10	Soybeans-notill	未耕犁的大豆地	194	778
11	Soybeans-min	嫩大豆	491	1 964
12	Soybeans-clean	收割后的大豆地	119	474
13	Wheat	小麦	41	164

(a) Indian 数据

续　表

(a) Indian 数据

类　　别			样　　本	
类　号	类　　名	解　　释	训　练	测　试
14	Woods	树林	253	1 012
15	Bldg-Grass-Tree Drives	建筑-草地-树木混合	77	309
16	Stone-Steel towers	石钢塔	19	74
总　　数			2 052	8 197

(b) Urban 数据

类　　别			样　　本	
类　号	类　　名	解　　释	训　练	测　试
1	AsphaltDrk	暗屋顶	17	68
2	AsphaltLgt	亮屋顶	12	45
3	Concrete01	混凝土	25	99
4	VegPasture	牧草植被混合	47	189
5	VegGrass	草坪植被混合	25	102
6	VegTrees01	树木植被混合	53	210
7	Soil01	土壤 1	23	90
8	Soil02	土壤 2	11	42
9	Soil03Drk	暗色土壤	12	47
10	Roof01Wal	砖瓦屋顶	24	94
11	Roof02A	屋顶 2	18	73
12	Roof02BGvl	碎石屋顶	8	31
13	Roof03LgtGray	浅灰屋顶	7	28
14	Roof04DrkBrn	暗青红色屋顶	17	67
15	Roof05AChurch	教堂屋顶	18	67
16	Roof06School	学校屋顶	13	51
17	Roof07Bright	亮光屋顶	15	59

（b）Urban 数据

类　别			样　本	
类　号	类　名	解　释	训练	测试
18	Roof08BlueGrn	蓝绿屋顶	9	36
19	TennisCrt	网球场	19	77
20	ShadedVeg	阴影下的植被	8	32
21	ShadedPav	阴影下的道路	13	51
22	VegTrees01b	树木植被混合 2	52	210
总　　数			446	1 768

6.5.2　AWSK 距离对分类的影响

本实验是为了分析 AWSK 距离通过改进邻域搜索对 ENH - LTSA 的低维流形坐标的分类结果的影响。实验中，我们用 AWSK 距离替代欧氏距离来改进 LTSA 方法，得到 AWSK - LTSA 方法，然后比较 LTSA 和 AWSK - LTSA 的低维嵌入坐标的平均分类精度 ACA、总体分类精度 OCA 和卡帕系数 KC。对于 Indian 和 Urban 数据，将 AWSK 距离中的空间特征向量和光谱特征向量都归一化至 0～1，同时为了简便而设置高斯核函数的标准差 σ 为 1。权重参数 μ 的选取区间设置为 0～1，步长为 0.05。对于 Indian 数据，人工设置空间邻域窗口的范围为 3×3 至 11×11；权重参数 μ 的值通过交叉验证设置为 0.35。对于 Urban 数据，空间邻域窗口的范围人工设置为 3×3 至 9×9；经过交叉验证，权重参数 μ 的值设置为 0.55。由于 AWSK 距离与 LTSA 的低维嵌入维数 d 没有太密切的关系，因此我们选择一个合适的嵌入维数来比较 AWSK - LTSA 与 LTSA 的流形坐标的分类结果。设定嵌入维数 d 的范围为 10～100，步长为 5，经过交叉验证，分别设定 Indian 和 Urban 数据的最佳嵌入维数 d 为 55 和 40，两个数据集的 ENH - LTSA 方法中投影维数 P 分别为 80 和 60。同时,ENH - LTSA 和 LTSA 方法中邻域大小 k 设置为 $k = d + 15$。

表 6-3 列出了 Indian 和 Urban 数据中 AWSK - LTSA 和 LTSA 方法利用不同的分类器得到的分类结果。对每一个高光谱数据集,AWSK - LTSA 的平均分类精度 ACA、总体分类精度 OCA 和卡帕系数 KC 都明显超过 LTSA。同时,较小的分类精度的标准差也说明 AWSK - LTSA 的降维结果用于分类的鲁棒性。图 6 - 6(a)—(c)为 Indian 数据中 LTSA 和 AWSK - LTSA 的降维结果分类后每一类地物的精度。对以上三种分类器,AWSK - LTSA 嵌入结果得到的每一类地物的分类精度几乎都超过 LTSA。这说明 AWSK 距离能够改善 k-邻域构建,使得不同类别的地物在低维嵌入空间上的区分能力增强。同样,图 6 - 6(d)—(f)中 Urban 数据

表 6-3　LTSA 和 AWSK - LTSA 利用不同分类器得到的分类精度和标准差对比

数 据	分类器	分类精度(标准差)					
		ACA(%)		OCA(%)		KC	
		LTSA	AWSK - LTSA	LTSA	AWSK - LTSA	LTSA	AWSK - LTSA
Indian 数据	KNN	78.58 (±0.022)	85.17 (±0.024)	83.47 (±0.042)	89.75 (±0.030)	0.731 (±0.045)	0.758 (±0.019)
	NB	82.42 (±0.037)	88.90 (±0.031)	85.29 (±0.038)	92.63 (±0.042)	0.757 (±0.026)	0.784 (±0.021)
	SVM	84.06 (±0.051)	91.88 (±0.048)	88.75 (±0.037)	95.58 (±0.029)	0.822 (±0.034)	0.907 (±0.017)
Urban 数据	KNN	75.49 (±0.034)	83.27 (±0.027)	78.70 (±0.031)	87.51 (±0.032)	0.768 (±0.025)	0.802 (±0.015)
	NB	73.01 (±0.029)	80.47 (±0.026)	77.94 (±0.047)	83.09 (±0.034)	0.729 (±0.027)	0.777 (±0.008)
	SVM	87.56 (±0.015)	94.58 (±0.034)	92.22 (±0.036)	97.47 (±0.020)	0.873 (±0.010)	0.936 (±0.022)

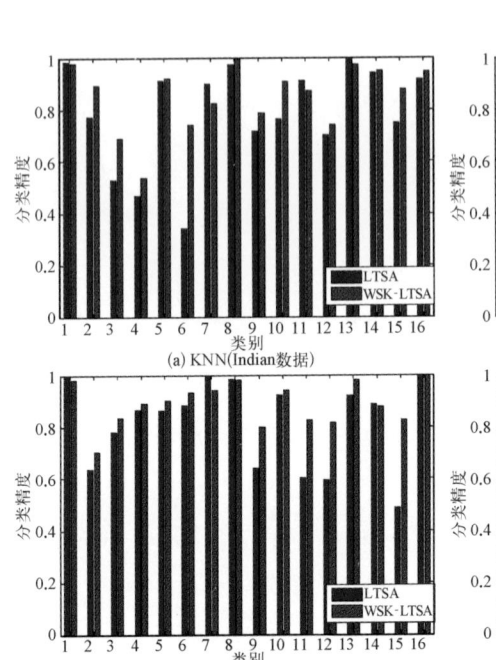

图6-6 LTSA 和 AWSK-LTSA 利用不同分类器得到的每一类地物的分类精度

的分类结果也支持了这一结论。此外,我们还将 AWSK 距离用于改善 KNN 分类器的距离度量,称之为 AWSK-KNN 分类器。在此基础上,我们对原始的 Indian 和 Urban 数据进行 KNN 和 AWSK-KNN 分类,结果如表6-4所示。可以看出,对任一数据集,AWSK-KNN 分类器得到的平均分类精度 ACA、总体分类精度 OCA 和卡帕系数 KC 明显高于常规的 KNN 分类器。通过以上观察,我们得出以下结论:AWSK 距离同时考虑高光谱影像数据的光谱特征和空间特征,能够明显改善后期的分类结果。

表 6－4　Indian 和 Urban 数据中 KNN 和 AWSK‐KNN 分类器得到的分类精度和标准差对比

数　据	分 类 器	分类精度（标准差）		
		ACA(%)	OCA(%)	KC
Indian 数据	KNN	65.37(±0.036)	71.49(±0.026)	0.679(±0.046)
	AWSK‐KNN	82.13(±0.027)	87.82(±0.049)	0.732(±0.038)
Urban 数据	KNN	63.44(±0.041)	70.24(±0.037)	0.683(±0.023)
	AWSK‐KNN	80.20(±0.028)	84.72(±0.025)	0.779(±0.044)

6.5.3　ENH‐LTSA 的计算速度性能

本实验是为了分析 ENH‐LTSA 相对于 LTSA 方法的计算速度提高效果。实验中,我们分析 ENH‐LTSA 的整体计算速度而不侧重于单一步骤的计算效率。Indian 和 Urban 数据中,邻域大小 k 的设置分别为 $k=d+15$ 和 $k=d+5$。这样设置的好处是能够提供足够的邻域像素点来构建每个像素点的局部切空间,同时能够满足 ENH‐LTSA 和 LTSA 的计算速度对比的需求。Indian 数据中,嵌入维数 d 的范围为 15～65,步长为 10;随机映射的投影维数 P 为 80;重叠参数 α 为 0.2。Urban 数据中,嵌入维数 d 的范围为 10～40,步长为 10;随机映射的维数 P 为 60;重叠参数 α 为 0.1。两个数据集中 ENH‐LTSA 的其他参数设置与 6.5.2 节中的实验一致。

我们利用至强 E5400 2.83 GHz 处理器、32G 内存、Windows7 操作系统的戴尔电脑来开展实验。ENH‐LTSA 和 LTSA 的代码都通过 Matlab 2010b 编译得到。通过改变嵌入维数 d 和邻域大小 k,ENH‐LTSA 和 LTSA 的计算时间对比如表 6－5 所示。对于 Indian 数据,当邻域大小 $k=$

30 且嵌入维数 $d = 15$ 时，ENH‐LTSA 能够提高约 3 倍的 LTSA 的计算速度。随着嵌入维数 d 和邻域大小 k 的增加，ENH‐LTSA 相比 LTSA 的计算时间优势持续增大，当 $k = 80$ 且 $d = 65$ 时，这种计算优势达到超过 5 倍。对于 Urban 数据，随着嵌入维数 d 和邻域大小 k 的增加，ENH‐LTSA 相比 LTSA 的计算时间优势越来越大。从高光谱影像分类的应用角度出发，LTSA 的嵌入维数通常高于 10。因此，我们得出以下结论：ENH‐LTSA 能够提高至少 3 倍的 LTSA 的计算速度。

表 6‐5　ENH‐LTSA 和 LTSA 的计算速度对比

数　据	参　数	计算时间(s)		比率 (LTSA/ ENH‐LTSA)
		LTSA	ENH‐LTSA	
Indian 数据	$(k = 30, d = 15)$	9.471e+03	3.127e+03	3.03
	$(k = 40, d = 25)$	1.814e+04	5.766e+04	3.15
	$(k = 50, d = 35)$	3.759e+04	1.102e+04	3.41
	$(k = 60, d = 45)$	6.172e+04	1.650e+04	3.74
	$(k = 70, d = 55)$	1.072e+05	2.363e+04	4.54
	$(k = 80, d = 65)$	1.662e+05	3.12e+04	5.32
Urban 数据	$(k = 15, d = 10)$	5.186e+04	1.761e+04	2.95
	$(k = 25, d = 20)$	1.133e+05	3.583e+04	3.16
	$(k = 35, d = 30)$	2.419e+05	6.453e+04	3.75
	$(k = 45, d = 40)$	3.832e+05	9.214e+04	4.16

6.5.4　ENH‐LTSA 的分类性能

本实验的目的是为了探究 ENH‐LTSA 的低维嵌入结果的分类性能。为了全面分析 ENH‐LTSA 的流形坐标的分类性能，我们对比其他常用的降维方法，包括 LTSA，LLTSA，PCA 和 LE。对于每一种方法的参数设置具体如下。对于以上所有的方法，Indian 和 Urban 数据的嵌入维数 d 分别为 55 和 40，邻域大小 k 为 $k = d + 15$。对于 Indian 数据，ENH‐LTSA 的重叠参数 α 为 0.2，随机映射的投影维数 P 为 80。对于 Urban 数据，ENH‐LTSA 的重叠参数 α 为 0.1，随机映射的投影维数 P 为 60。图 6‐7 为 Indian 和 Urban 数据中不同降维方法和不同分类器得到的每一类地物的分类精度。从图 6‐7(a)—(c)可以看出，对于 Indian 数据，ENH‐LTSA

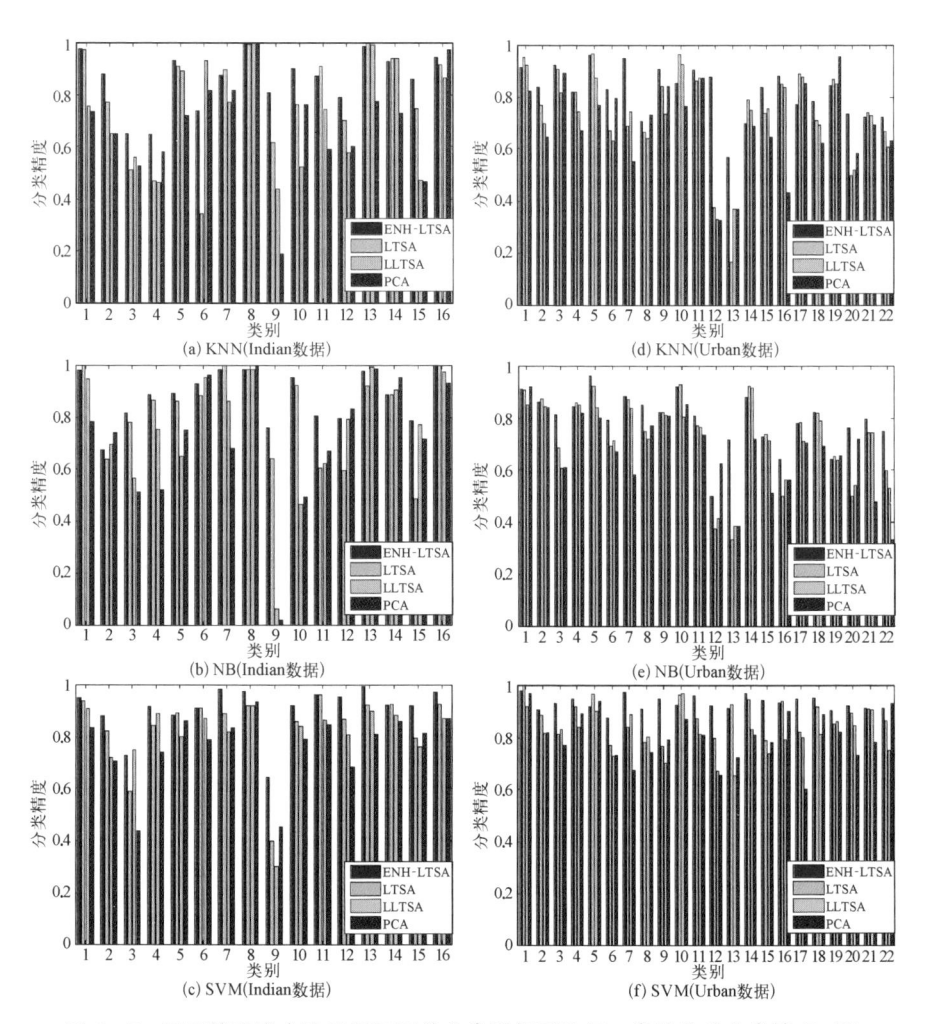

图 6‐7　不同的降维方法利用不同的分类器得到的每一类地物的分类精度对比

得到的每一类地物的分类精度基本上都高于 LTSA,LLTSA,PCA 和 LE。类似地,图 6 - 7(d)—(f)中,Urban 数据的 ENH - LTSA 的分类精度也证明了这一观察结果。同时,表 6 - 6 列出了不同降维方法通过不同分类器得到的分类精度和标准差的对比结果。对于 Indian 和 Urban 数据集,ENH - LTSA 得到的分类精度都高于 LTSA。在所有的降维方法中,PCA 得到的分类精度最低,倒数第二的是 LLTSA。LE 方法得到的分类精度虽然低于 LTSA,然而仍高于 LLTSA 和 PCA。这些显示 LTSA、LE 和 ENH - LTSA 作为非线性流形学习方法的优势,与 Crawford 的研究结论相一致(Crawford 等,2011)。进一步同表 6 - 3 作比较,我们发现,Indian 和 Urban 数据中,ENH - LTSA 的低维嵌入坐标得到的分类精度仅略低于 AWSK - LTSA。这说明 ENH - LTSA 采用速度提升策略在提高AWSK - LTSA 的计算速度的同时,仅仅损失了非常少量的分类精度。

表 6 - 6　Indian 和 Urban 数据中不同的降维方法利用不同的
分类器得到的分类精度和标准差对比

数据	评价	分类器	分类精度(标准差)				
			ENH - LTSA	LTSA	LLTSA	PCA	LE
Indian 数据	ACA (%)	KNN	84.86 (±0.026)	78.58 (±0.022)	72.35 (±0.030)	68.27 (±0.029)	75.88 (±0.031)
		NB	88.13 (±0.033)	82.42 (±0.037)	74.95 (±0.052)	72.13 (±0.056)	77.24 (±0.046)
		SVM	90.97 (±0.017)	84.06 (±0.051)	80.59 (±0.044)	76.66 (±0.049)	82.33 (±0.052)
	OCA (%)	KNN	87.82 (±0.029)	83.47 (±0.042)	76.77 (±0.028)	72.39 (±0.047)	79.81 (±0.044)
		NB	91.27 (±0.031)	85.29 (±0.038)	79.83 (±0.036)	73.71 (±0.052)	82.73 (±0.013)
		SVM	94.35 (±0.044)	88.75 (±0.037)	85.91 (±0.043)	78.69 (±0.044)	86.42 (±0.053)

续　表

数据	评价	分类器	分类精度（标准差）				
			ENH - LTSA	LTSA	LLTSA	PCA	LE
Indian 数据	KC	KNN	0.747 (±0.038)	0.731 (±0.045)	0.684 (±0.041)	0.607 (±0.036)	0.702 (±0.047)
		NB	0.776 (±0.025)	0.757 (±0.026)	0.692 (±0.029)	0.624 (±0.071)	0.714 (±0.042)
		SVM	0.893 (±0.022)	0.822 (±0.034)	0.758 (±0.042)	0.639 (±0.040)	0.789 (±0.024)
Urban 数据	ACA (%)	KNN	82.44 (±0.028)	75.49 (±0.034)	72.86 (±0.037)	68.92 (±0.043)	73.07 (±0.041)
		NB	79.48 (±0.049)	73.01 (±0.029)	70.43 (±0.045)	67.31 (±0.019)	70.81 (±0.029)
		SVM	93.50 (±0.035)	87.56 (±0.015)	81.29 (±0.027)	78.30 (±0.036)	82.94 (±0.030)
	OCA (%)	KNN	86.77 (±0.040)	78.70 (±0.031)	75.14 (±0.050)	72.06 (±0.031)	78.46 (±0.038)
		NB	82.48 (±0.032)	77.94 (±0.047)	74.35 (±0.039)	70.77 (±0.020)	76.39 (±0.043)
		SVM	95.81 (±0.037)	92.22 (±0.036)	86.47 (±0.046)	83.69 (±0.037)	89.77 (±0.042)
	KC	KNN	0.791 (±0.026)	0.768 (±0.025)	0.701 (±0.018)	0.648 (±0.066)	0.738 (±0.027)
		NB	0.758 (±0.031)	0.729 (±0.027)	0.693 (±0.029)	0.636 (±0.053)	0.721 (±0.046)
		SVM	0.927 (±0.023)	0.873 (±0.010)	0.765 (±0.046)	0.687 (±0.049)	0.824 (±0.042)

6.5.5　随机映射对分类的影响

本实验目的在于分析随机映射对 ENH - LTSA 的分类结果的影响。实验中，我们通过改变随机映射的投影维数 P 来研究其对 ENH - LTSA 的分类精度的影响。ENH - LTSA 的参数设置与上面的实验保持一致。

Indian 和 Urban 数据的投影维数 P 的范围分别设为 $80\sim200$ 和 $60\sim160$。由于得到的总体分类精度 OCA 曲线、平均分类精度 ACA 曲线和卡帕系数 KC 曲线随着投影维数 P 的增长的变化趋势比较类似,在此,我们只展示 ENH‐LTSA 利用不同分类器得到的平均分类精度 ACA 与投影维数 P 的关系曲线如图 6‐8 所示。可以看出,对任一分类器和任一高光谱数据

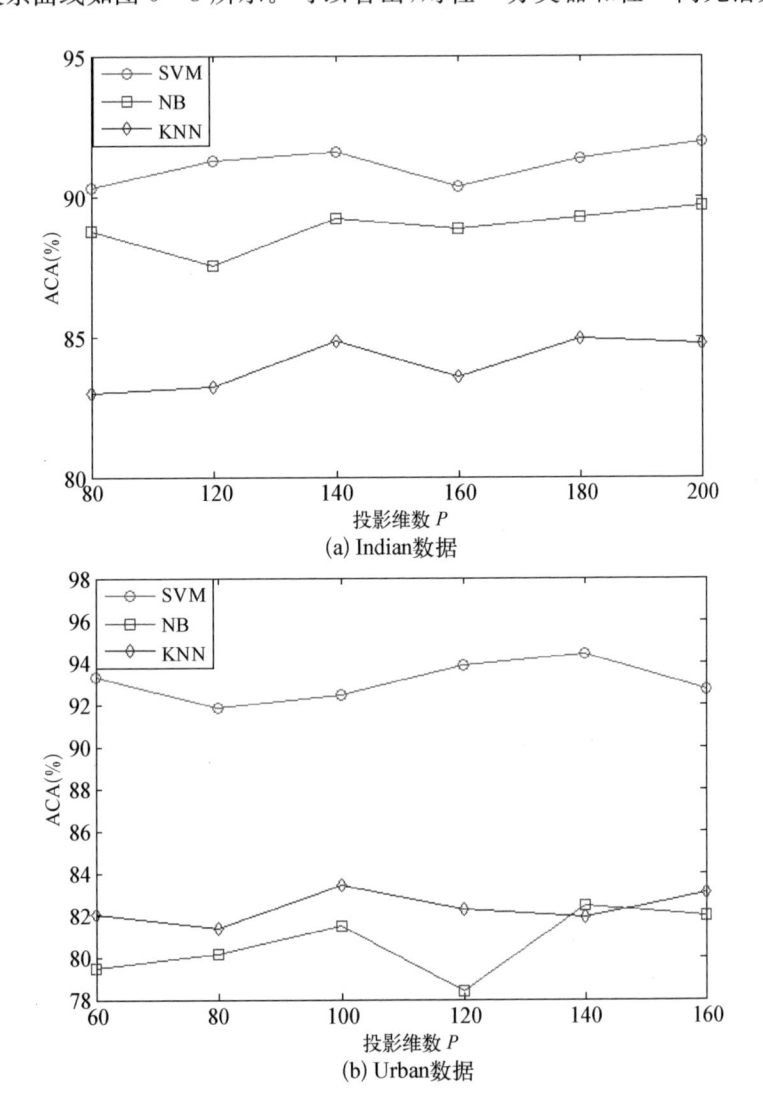

图 6‐8 投影维数 P 和平均分类精度 ACA 的关系曲线

集,ENH‐LTSA 得到的 ACA 曲线的鲁棒性很好,随着投影维数 P 的增加仅出现细微的波动。这说明一个合适的投影维数 P 对 ENH‐LTSA 的分类结果有很小的影响,随机映射没有通过线性投影引入严重的误差到高光谱影像数据中。这种现象的原因解释是随机映射在合适的投影维数的条件下,能够保持高光谱影像数据中各像素点间的欧氏距离和测地距离基本不变。同时,ACA 曲线中的细微震荡是由随机映射中的随机矩阵造成的。

6.5.6　重叠参数 α 对分类的影响

本实验目的是为了分析快速近似 k‐邻域构建中重叠参数 α 对 ENH‐LTSA 的分类结果的影响。实验中,Indian 和 Urban 数据的重叠参数 α 的变化区间为 $0.05\sim0.4$,变化步长为 0.05。对于每个高光谱影像数据集,ENH‐LTSA 中的其他参数设置与前一实验保持一致。由于得到的总体分类精度 OCA 曲线、平均分类精度 ACA 曲线和卡帕系数 KC 曲线,随着重叠参数 α 的增长的变化趋势非常类似,我们只展示 ENH‐LTSA 利用不同分类器得到的平均分类精度 ACA 与重叠参数 α 的关系曲线。图 6‐9 为重叠参数 α 与不同分类器得到的总体分类精度 OCA 的关系曲线。对每一个数据集和每一种分类器,随着重叠参数 α 从 0.05 上升到 0.4,平均分类精度 ACA 总体增长缓慢,尽管有一些细微的震荡。这说明一个较大的重叠参数 α 使得快速近似得到的 k‐邻域更加接近实际结果,能够积极地影响后期的平均分类精度 ACA。然而,一个较大的重叠参数 α 将导致快速近似 k‐邻域图构建的计算量很大。因此,从实际应用的角度出发,我们选取较小的重叠参数 α,因为它能够带来较高的 ENH‐LTSA 的总体分类精度 OCA,而且能够保证 ENH‐LTSA 中快速近似 k‐邻域构建的复杂度较低。

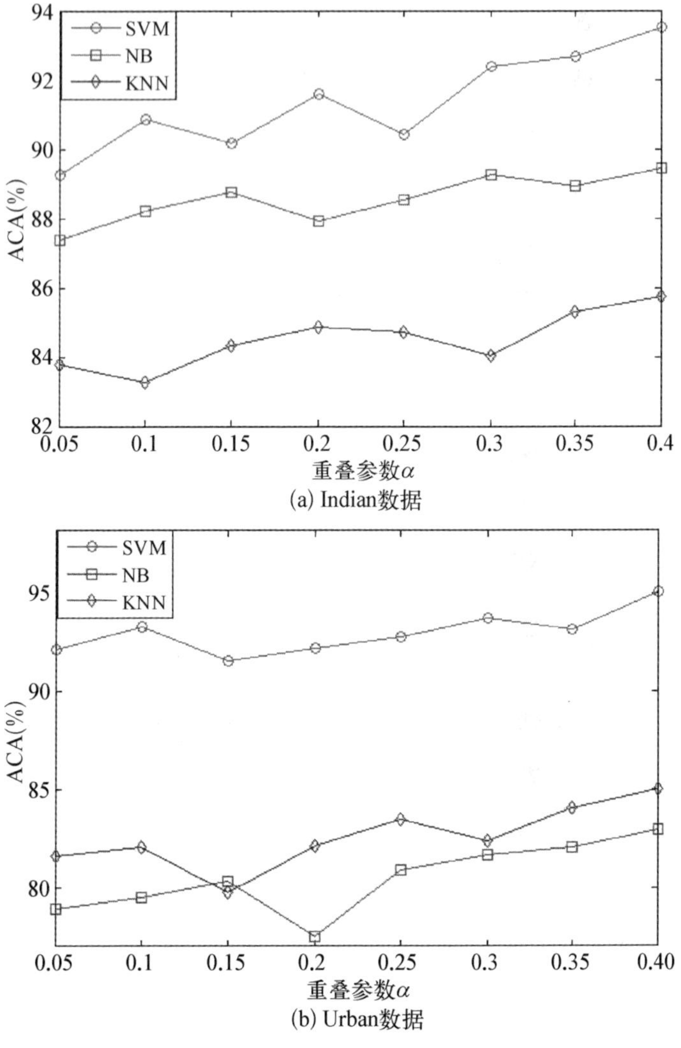

图 6-9　重叠参数 α 和平均分类精度 ACA 的关系曲线

6.5.7　讨论

　　基于 Indian 和 Urban 两个高光谱影像数据集,前面的五组实验全面测试了 ENH-LTSA 方法的计算速度和分类性能。实验结果显示,AWSK 距离同时考虑高光谱影像的空间特性和光谱特性,能够通过改善邻域搜索,使得 ENH - LTSA 的低维嵌入结果明显优于 LTSA。另一方面,三种速度提升策略(随机映射、快速近似 k-邻域构建和快速随机低阶近似奇异值分解)使得 ENH - LTSA 的计算复杂度远低于 LTSA。而且,尽管这三种速度提升策略包含很多的数学近似运算,ENH - LTSA 仅相比 AWSK - LTSA 降低了非常少量的分类精度。因此,高光谱影像的 ENH - LTSA 方法明显优于传统的 LTSA,不管是分类性能还是计算速度性能。同时,ENH - LTSA 也优于 LLTSA 和 PCA 的分类结果。此外,实验结果显示,ENH - LTSA 对投影维数 P 和重叠参数 α 不太敏感。一个适度的投影维数 P 对 ENH - LTSA 的分类结果影响不大,同时一个较小的重叠参数 α 能够保证 ENH - LTSA 得到较高的分类精度而且具有较低的近似邻域构建的计算复杂度。

6.6　本章小结

本章提出 ENH - LTSA 降维方法来解决高光谱影像 LTSA 降维中存在的忽略光谱向量的空间特性和计算量大两大问题。首先,通过分析常规基于欧氏距离的 k-邻域选择的不足,提出采用 AWSK 距离来改善 LTSA 的 k-邻域搜索结果,提高 LTSA 的低维嵌入结果。其次,通过随机映射、基于递归兰索斯切分的快速近似 k-邻域构建和快速随机低阶近似奇异值分解三种策略来综合提高 LTSA 的计算效率。在此基础上,归纳总结出 ENH - LTSA 方法并对比 LTSA 的计算复杂度。利用 Indian 和 Urban 两个高光谱数据集和五组设计实验,从分类精度和计算速度两个方面,综合验证分析 ENH - LTSA 方法。实验结果显示,ENH - LTSA 能够明显提高 LTSA 的低维嵌入结果的总体分类精度 OCA,而且能够提高至少约3倍的 LTSA 的计算速度。

第7章

联合 ILE 降维和 IKNN 分类器的高光谱影像分类

7.1 引 言

类似于 Isomap 和 LTSA，LE 方法也广泛应用于高光谱影像分析中。LE 降维能够得到低维的嵌入坐标，然后可采用 KNN 分类器来实现分类。然而 LE 非线性降维中 k-邻域构建和权重系数计算都很少考虑高光谱影像的空间特性。另一方面，流形学习降维后，高光谱影像中各地物的低维流形坐标保留各地物的光谱特征。低维流形图中，各地物的像素点对应的流形坐标向量也具有明确的空间位置。因此，利用 KNN 分类 LE 低维嵌入结果时，k-邻域搜索也应考虑流形坐标的空间位置。

第 6 章中，我们提出自适应加权综合核（AWSK）距离来同时兼顾高光谱影像的空间特性和光谱特性。AWSK 能够改进传统的邻域搜索，进而改善原来的 LTSA 的低维嵌入结果。而且，在 6.5.2 节中我们将 AWSK 距离应用于 KNN 分类器来分类原始的高光谱影像数据。初步实验证明，AWSK 距离能够明显提高原始高光谱影像数据的 KNN 分类结果。

在此基础上，本章中我们采用 AWSK 距离同时改进 LE 降维方法和

KNN 分类器，提出改进 LE（Improved LE，ILE）降维和改进 KNN（Improved KNN，IKNN）分类器的组合策略，解决 LE 降维和 KNN 分类器存在的忽略高光谱影像的空间特征问题，提高高光谱影像 LE 降维的分类结果，同时进一步测试第 6 章提出的 AWSK 距离的性能。

7.2　LE 降维和 KNN 分类器组合策略的不足

高光谱影像数据可通过 LE 降维后利用 KNN 分类器来实现分类。LE 方法是流形学习局部方法的典型代表，其计算速度快，而且能够保持局部的邻域结构在降维前后保持不变。目前学者利用 LE 方法降维高光谱影像已取得一定成果，如 Qian 等基于 LE 并结合 LLE 提出新的非线性方法来研究高光谱影像降维（Qian 和 Chen，2007）。Huang 等基于多元回归分析来研究 LE 方法的线性化过程，提高 LE 方法降维大幅高光谱影像的嵌入结果（Huang 和 Zhang，2011）。Gillis 等利用 LE 方法的图谱理论提出谱方法来分割高光谱影像（Gillis 和 Bowles，2012）。高光谱影像具有"图谱合一"的特性，因此图像中任意像素的光谱向量具有空间特性。特别地，由于受到不同地形、不同土壤成分、不同光照及空间分辨率的影响，高光谱影像中同类地物的光谱特性随空间位置而发生变化。然而 LE 非线性降维中 k-邻域构建和权重系数计算很少考虑高光谱影像的空间特性。

高光谱影像 LE 降维后，可利用 KNN 分类器来实现流形坐标的分类。如 Chen 等利用 KNN 分类器研究 Isomap 降维结果用于高光谱影像的分类性能（Chen 等，2006）。Ma 等提出监督局部流形学习来降维高光谱影像，并利用加权 KNN 法来实现嵌入结果的分类（Ma 等，2010e）。然而高光谱流形学习嵌入结果的 KNN 分类也通常忽略低维流形图的空间特征，这一定程度上影响后期的分类精度。流形学习降维后，各地物的低维流形坐标向量保留原始的光谱特征,存在于高光谱影像的低维流形图中。相应地,各地物的像素点对应的流形坐标向量具有明显的空间位置特征。因此,利用 KNN 分类高光谱影像的 LE 低维嵌入结果,在邻域搜索时也应考虑流形坐标的空间特征,以更好满足高光谱影像的分类要求。

7.3 高光谱影像的 ILE 降维和 IKNN 组合策略

7.3.1 高光谱影像的 ILE 降维方法

高光谱影像的 LE 降维,能够保持降维前后各像素点周围的 k_1-邻域结构不变。而 k_1-邻域往往通过量度任意两像素点的欧氏距离而得到。在高光谱影像中,常规的欧氏距离仅仅测量两像素点在高维光谱空间的光谱相似性,并未考虑像素点对应的实际地物的光谱特性随图像中空间位置变化而产生的变异。此外,k_1-邻域内像素点的权重系数通过计算光谱向量间的核距离得到,也未考虑像素点的空间特征影响。因此,我们采用 6.5.2 节中提出的 AWSK 距离来改进 LE 方法以提高低维嵌入结果。假设高光谱影像数据为向量集 $X = [x_1, \cdots, x_N]^T \in R^D$,假设高光谱影像数据的低维流形坐标为向量集 $Y = [y_1, \cdots, y_N]^T \in R^d$,其中 N 和 D 分别为像素点个数和波段数,d 为低维流形坐标的维数。高光谱影像 ILE 降维方法的具体步骤如下:

(1)采用 AWSK 距离搜索并构建 k_1-邻域。如果 x_j 是 x_i 的最近的 k_1 个点中的一个时,二者相邻且存在边,边长为二者间的 AWSK 距离;否则距离为 0。

(2)根据 k_1-邻域来确定两像素点间的权重 w_{ij}。同样采用自适应加权综合核距离代替常规径向基核距离,改进权重 w_{ij} 的计算结果。如果 x_i 和 x_j 位于同一邻域时,改进后的权重计算为 $w_{ij} = dist(x_i, x_j)$;否则 $w_{ij} = 0$。

（3）计算 d 维嵌入。假设 $\boldsymbol{\Phi}$ 表示对角元素 $\phi_{ii} = \sum_j w_{ij}$ 的对角矩阵，ILE 的低维坐标 y_i 通过极小化目标函数式（7-1）而获得：

$$E(Y) = \sum_{ij} \frac{w_{ij} \parallel y_i - y_j \parallel^2}{\sqrt{\phi_{ii}\phi_{jj}}} \tag{7-1}$$

为了得到唯一的流形坐标 Y，对式（7-1）附加中心化和标准化的限制，即 $Ye_N^{\mathrm{T}} = 0$ 和 $YY^{\mathrm{T}} = I$，目标函数式（7-1）可变为式（7-2）：

$$E(Y) = Tr[Y(I - \boldsymbol{\Phi}^{-1/2}\boldsymbol{W}\boldsymbol{\Phi}^{-1/2})Y] \tag{7-2}$$

计算矩阵 $\boldsymbol{\Delta} = I - \boldsymbol{\Phi}^{-1/2}\boldsymbol{W}\boldsymbol{\Phi}^{-1/2}$ 的最小 $d+1$ 个特征向量 $u_1, \cdots, u_{d+1}$，则第 2 至第 $d+1$ 个特征向量为高光谱影像 ILE 降维的嵌入结果 $Y = [u_2, \cdots, u_{d+1}]$。

7.3.2　ILE 流形坐标的 IKNN 分类器

KNN 方法（Cover 和 Hart，1967）由 Cover 和 Hart 提出，主要思想为：若一个像素点的流形坐标在 d 维嵌入空间中的 k_2 个最相似的样本中的大多数都属于某一个类别，则该像素点也属于这个类别。KNN 法在已知地物类别的条件下，按照距离最近原则来识别高光谱影像流形坐标。通常的距离度量有欧氏距离、马氏距离和城市部落距离等。以上距离指标均量度 d 维空间内的各像素流形特征间的相似性，并未考虑低维流形图中流形坐标向量的空间特征。我们利用 AWSK 距离来改进常规 KNN 分类器。AWSK 距离同时考虑高光谱影像低维流形图的空间特征和流形特征，能够更好分析各流形坐标向量间的相似性。假设降维后流形坐标为 $Y = [y_1, \cdots, y_N]^{\mathrm{T}} \in R^d$，$Y = Y_{tr} \bigcup Y_{te}$，其中流形坐标向量的训练样本集合为 $Y_{tr} = [y_{tr_1}^1, \cdots, y_{tr_p}^c, \cdots, y_{tr_m}^C]^{\mathrm{T}}$，测试样本集为 $Y_{te} = [y_{te_1}, \cdots, y_{te_q}, \cdots, y_{te_n}]^{\mathrm{T}}$，$C$ 为实际地物的类别数，m 和 n 分别为训练样本和测试样本中流形

坐标向量的个数且 $N = m + n$。IKNN 的分类过程如下。首先对每一个待测试流形坐标向量 y_{te_q}，利用自适应加权综合核距离计算得到每个待测试流形坐标向量 y_{te_q} 在 C 个已知类别的训练样本集中的 k_2-邻域 $Y_q = [y_{q_1}, \cdots,$ $y_{q_t}, \cdots, y_{q_{k_2}}]^\mathrm{T}$。其次，计算 k_2-邻域内各 ILE 流形坐标向量对应的类别标签 $L_q = [l_{q_1}, \cdots, l_{q_t}, \cdots, l_{q_{k_2}}]$。最后，通过投票选举 k_2-邻域内出现频率最高的类别数为流形坐标向量 y_{te_q} 的类别标签：

$$Class(y_{te_q}) = \arg \max_{c=1, 2, \cdots, C} \sum_{t=1}^{k} \delta(l_{q_t}, c) \qquad (7-3)$$

式中，δ 为克罗内克函数，用于判别和统计 k_2-邻域内各类别出现的频率。

7.4　ILE 降维和 IKNN 分类器的分类算法

AWSK 距离考虑高光谱影像的"图谱合一"特性，综合高光谱影像的光谱特征和空间特征，改进 LE 降维的 k_1-邻域构建和邻域权重系数的计算，以及后续 KNN 分类时的邻域搜索。ILE 降维和 IKNN 组合策略的高光谱影像分类流程如下（图 7-1）：

（1）将高光谱影像三维数据立方体转换为二维光谱向量集 X；

（2）采用公式（6-1）的 AWSK 距离计算任意像素点 x_i 和 x_j 间的相似性来构建 k_1-邻域；

（3）通过公式（6-1）的 AWSK 距离计算各像素点 x_i 和 x_j 间的权重 w_{ij}；

（4）通过本征分解式（7-2）中矩阵 $\boldsymbol{\Lambda} = I - \boldsymbol{\Phi}^{-1/2} \boldsymbol{W} \boldsymbol{\Phi}^{-1/2}$ 得到 ILE 流形坐标 Y；

（5）采用公式（6-1）的 AWSK 距离计算每个待测试流形坐标在训练样本中的 k_2-邻域 Y_q；

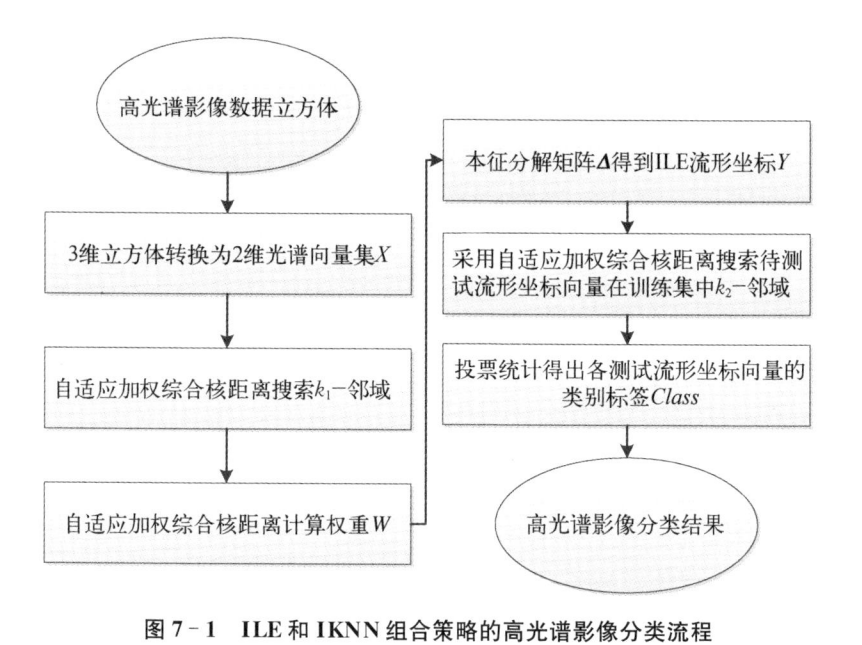

图 7 - 1　ILE 和 IKNN 组合策略的高光谱影像分类流程

（6）利用式（7 - 3）统计得到测试流形坐标向量 y_q 的类别标签 *Class*。

7.5　实　验　分　析

实验利用 Indian 和 PaviaU 两个高光谱影像数据来验证 ILE 降维和 KNN 分类器（ILE - IKNN）组合策略的分类性能，并对比 LE 和 KNN 组合策略（LE - KNN）、ILE 和 KNN 组合策略（ILE - KNN）以及 LE 和 IKNN 组合策略（LE - IKNN）的分类结果。实验采用总体分类精度（Overall Classification Accuracy，OCA）和平均分类精度（Average Classification Accuracy，ACA）来定量评价分类结果。实验中，KNN 分类器采用欧氏距离来度量像素点间的相似性。表 7 - 1 中的训练样本和测试样本均从 10 次独立实验中随机抽取得到，以下分类结果是 10 次不同且独立实验得到的平均结果。

7.5.1 实验数据

Indian 数据来自美国普渡大学遥感应用实验室〔Laboratory for Applications of Remote sensing (LARS)，Purdue University〕。数据由美国 JPL 成像光谱仪于 1992 年 6 月 12 日采集得到，波段数为 200，空间分辨率为 20 m，光谱分辨率为 10 nm，光谱区间为 200~400 nm。图 7‑2 为覆盖西拉法叶地区西部 8 km 的一小块区域，包含 145×145 像素。图中共包含 16 类主要地物，各地物的训练和测试样本信息如表 7‑1(a)所示。图 7‑3 为各地物分布的实况信息，图例中每个序号对应表 7‑1(a)中的一类地物，其中第 0 类是未参与分类的其他地物。

图 7‑2　Indian 数据　　　　图 7‑3　Indian 数据的地面实况信息

PaviaU 数据来自西班牙巴斯克大学计算智能课题组。影像由 ROSIS 传感器采集得到，覆盖帕维亚大学区域，共 103 个波段，空间分辨率为 1.3 m，如图 7‑4 所示。影像为较大数据集中的一部分，包含 350×340 像素，波段数为 103，包含 9 类地物（包括阴影），各地物的训练和测试样本信息如表 7‑1(b)所示。图 7‑5 为各地物分布的实况信息，图例中每个序号对应表 7‑1(b)中的一类地物，其中第 0 类是未参与分类的其他地物。

图 7 - 4　PaviaU 数据　　　　图 7 - 5　PaviaU 数据的地面实况信息

表 7 - 1　PaviaU 和 Indian 数据中每一类地物的训练和测试样本信息

(a) Indian 数据

类　别			样　本	
类　号	类　名	解　释	训　练	测　试
1	Alfalfa	苜蓿	9	37
2	Corn-notill	未耕犁的玉米地	286	1 142
3	Corn-min tillage	耕作玉米地	166	664
4	Corn	玉米地	47	190
5	Grass/Pasture	草地	97	386
6	Grass/Trees	草树混合	146	584
7	Grass/pasture-mowed	犁过的草地	7	21
8	Hay-windowed	干草	96	382
9	Oats	燕麦	4	16
10	Soybeans-notill	未耕犁的大豆地	194	778
11	Soybeans-min	大豆地	491	1 964
12	Soybeans-high tillage	耕作大豆地	119	474
13	Wheat	小麦	41	164
14	Woods	树林	253	1 012

续　表

（a）Indian 数据				
类　别			样　本	
类 号	类　　名	解　　释	训　练	测　试
15	Bldg-Grass-Tree Drives	建筑-草地-树木混合	77	309
16	Stone-Steel towers	石钢塔	19	74
总　　数			2 052	8 197

（b）PaviaU 数据				
类　别			样　本	
类 号	类　　名	解　　释	训　练	测　试
1	Asphalt	柏油	839	3 356
2	Meadows	牧场	437	1 748
3	Gravel	碎石	420	1 679
4	Trees	树木	310	1 240
5	Painted metal sheets	喷漆金属薄板	269	1 076
6	Bare Soil	裸土	1 006	4 023
7	Bitumen	沥青	266	1 064
8	Self-Blocking Bricks	自封闭砖	469	1 878
9	Shadows	阴影	186	743
总　　数			4 202	16 087

7.5.2　Indian 数据分类

实验首先采用常规 LE 和 ILE 方法分别降维 Indian 数据。两种降维方法中，经过交叉验证，邻域大小 k_1 设置为 15，嵌入维数大小 d 为 65。ILE 方法中，核函数方差 σ 的大小设为 1，最小空间窗口设置为 3×3，最大空间窗口设置为 11×11，光谱特征和空间特征的权重平衡因子 μ 为 0.45。

降维后采用 KNN 和 IKNN 分类器来分类 LE 和 ILE 的低维流形坐标。两种分类器中,邻域大小 k_2 都为 1。KNN 中,相似性度量采用欧氏距离;IKNN 中,最小和最大空间窗口分别设置为 3×3 和 11×11,平衡因子 μ 为 0.47。

　　图 7 - 6 列出 ILE - IKNN、LE - KNN、LE - IKNN、ILE - KNN 和 ILE - IKNN 四种组合策略得到的地物分类精度。图 7 - 7 列出了 Indian 数据中四种组合策略得到的分类图,图例中每个序号对应表 7 - 1(a)中的一类地物,其中第 0 类是未参与分类的其他地物。表 7 - 2 给出四种组合策略分类结果的平均和总体分类精度。可以看出,四种组合策略中,LE - KNN 得到的平均和总体分类精度最低,单一地物的分类精度也相对较低。第 3 类(耕作玉米地)和第 12 类(耕作大豆地),由于处于生长期,较难和其他地物区分而导致分类精度低。第 1 类(苜蓿)和第 9 类(燕麦)的分类精度较低,部分原因是由于训练样本较少。相比 LE - KNN,LE - IKNN 的总体和平均分类精度明显得到提高,分别提高约 18.75% 和 14.63%;同时绝大多数

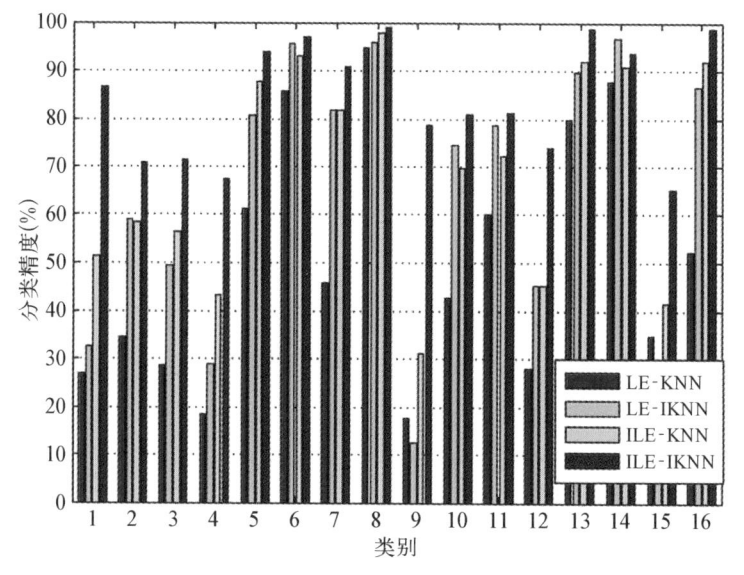

图 7 - 6　Indian 数据中四种组合策略的单一地物的分类精度

地物的分类精度也有大幅度地增加。类似地,ILE-KNN的分类精度以及各单一地物的分类精度都明显高于 LE-KNN,分别高 22.9%和 19.07%。而且,ILE-KNN的总体和平均分类精度稍优于 LE-IKNN,绝大多数地物的分类精度也高于 LE-IKNN。更进一步,比较 ILE-IKNN 和 LE-IKNN 及 ILE-KNN 发现,ILE-IKNN的分类精度明显优于 LE-IKNN 和 ILE-KNN,总体和平均净度分别高达 87.80%和 84.30%,其中,第 1 类(苜蓿)、第 4 类(玉米地)、第 9 类(燕麦)和第 12 类(耕作玉米地)的分类精度增幅最为明显。

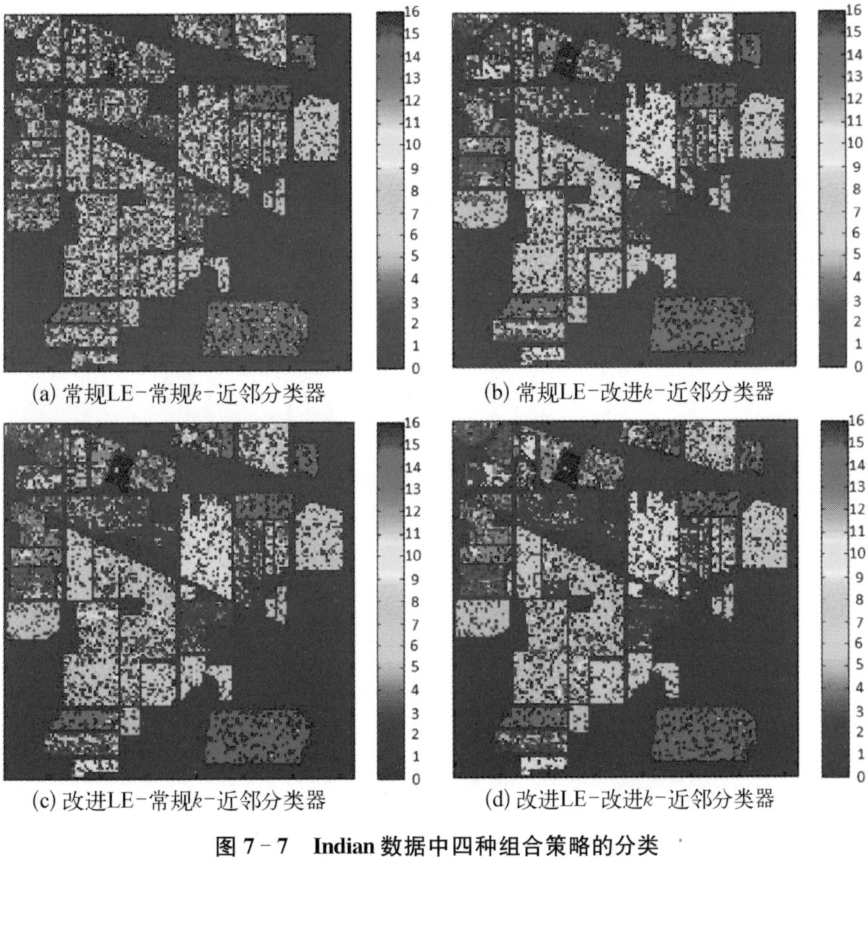

(a) 常规LE-常规k-近邻分类器
(b) 常规LE-改进k-近邻分类器
(c) 改进LE-常规k-近邻分类器
(d) 改进LE-改进k-近邻分类器

图 7-7　Indian 数据中四种组合策略的分类

表 7-2　Indian 和 PaviaU 数据中四种组合策略的分类结果对比

数据集	分类精度	四种 LE 降维和 KNN 分类组合策略			
		ILE-IKNN	ILE-KNN	LE-IKNN	LE-KNN
Indian 数据	OCA(%)	87.80	76.53	72.38	53.63
	ACA(%)	84.30	69.03	64.59	49.96
PaviaU 数据	OCA(%)	93.71	83.04	79.77	62.14
	ACA(%)	90.66	80.13	78.24	59.64

7.5.3　PaviaU 数据分类

LE 和 ILE 降维过程中,通过交叉验证,邻域大小 k_1 设定为 20,嵌入维数大小 d 为 25。在 ILE 中,核函数方差 σ 的大小设为 1,最小空间窗口设置为 3×3,最大空间窗口设置为 9×9,光谱特征和空间特征的权重平衡因子 μ 为 0.53。降维后采用 KNN 和 IKNN 分类器来分类 LE 和 ILE 得到的低维嵌入结果。KNN 和 IKNN 分类器中,邻域大小 k_2 都为 1;KNN 采用欧氏距离;IKNN 中最小和最大空间窗口分别设置为 3×3 和 9×9,平衡因子设为 0.44。

图 7-8 列出 PaviaU 数据中四种组合策略(LE-KNN,LE-IKNN,ILE-KNN 和 ILE-IKNN)得到的各地物分类精度。表 7-2 量化给出了 PaviaU 数据中四种组合策略得到的总体和平均分类精度。图 7-9 列出了四种组合策略得到的分类图,图例中每个序号对应表 7-1(b)中的一类地物,其中第 0 类是未参与分类的其他地物。可以看出,ILE-IKNN 的总体和平均分类精度最高;分类结果明显优于 LE-IKNN 和 ILE-KNN,更超过 LE-KNN,分别约为 31.57% 和 31.02%。其中,相比其他三种组合策略,ILE-IKNN 中第 2 类(牧场)、第 3 类(碎石)、第 7 类(沥青)的分类精度优势最为明显。LE-KNN 的平均和总体分类精度最低,仅为 60% 左右,其中第 2 类(牧场)、第 3 类(碎石)和第 7 类(沥青)的识别精度最低。LE-IKNN

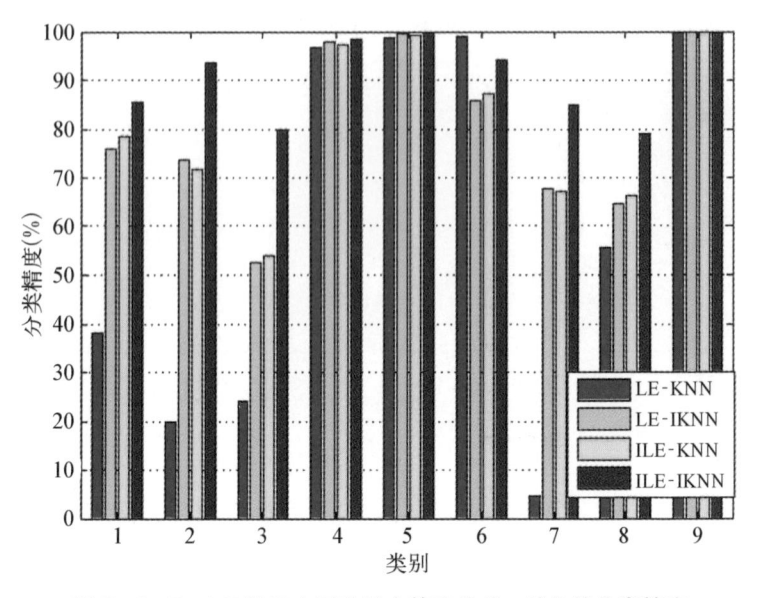

图 7 - 8 **PaviaU 数据中四种组合策略的单一地物的分类精度**

的总体和平均分类精度明显高于 LE-KNN,分别高约 17. 63％和 18. 6％,其中第 1 类(柏油)、第 2 类(牧场)和第 7 类(沥青)的识别精度提升最为显著。类似地,ILE-KNN 的总体和平均分类精度都明显高于 LE-KNN,分别高约 20. 9％和 20. 49％;而且大多数地物的分类精度明显优于 LE-KNN。此外,ILE-KNN 的分类精度稍高于 LE - IKNN,分别高约 3. 27％和 1. 89％。

7. 5. 4 讨论

Indian 和 PaviaU 数据的分类实验对比了 ILE - IKNN、LE - KNN、ILE - KNN 和 LE - KNN 四种降维和分类器组合策略的分类性能。其中 ILE - IKNN 的总体分类精度 OCA 和平均分类精度 ACA 最高,且各地物的分类精度优势非常明显。ILE - KNN 明显提高 LE - KNN 的分类精度,以及各单一地物的识别精度。这说明 AWSK 距离考虑高光谱影像的空间特征,能够提高 LE 的降维结果,进而改善后续的 KNN 分类结果。同时,相比 LE - KNN,LE - IKNN 的总体分类精度 OCA 和平均分类精度 ACA

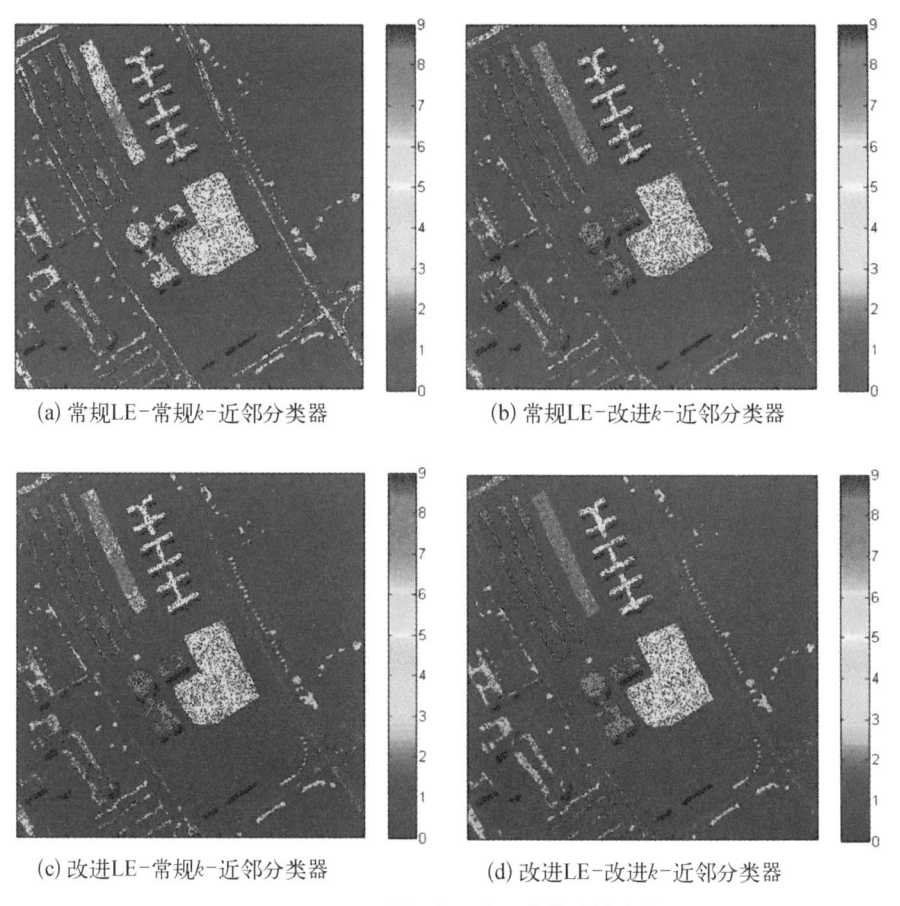

(a) 常规LE-常规k-近邻分类器　　　　(b) 常规LE-改进k-近邻分类器

(c) 改进LE-常规k-近邻分类器　　　　(d) 改进LE-改进k-近邻分类器

图 7 - 9　PaviaU 数据中四种组合策略的分类图

都有大幅度提升。这说明 AWSK 距离考虑低维 LE 流形图的空间特征,改进 KNN 分类器同样可以提高高光谱影像数据的分类精度。而且 ILE -IKNN 的总体分类精度 OCA 和平均分类精度 ACA 以及大多数单一地物的精度明显高于 LE - IKNN 和 ILE - KNN 组合策略。这说明利用 AWSK 距离同时改进 LE 降维和 KNN 分类器,能够共同提高地物的分类精度。此外,ILE - KNN 的总体分类精度 OCA 和平均分类精度 ACA 略高于LE -IKNN。这说明 AWSK 距离用于改进 LE 降维比用于改进 KNN 分类器得到的分类效果好。

7.6 本章小结

　　本章提出联合改进 LE 降维和 KNN 分类器的组合策略(ILE‑IKNN)来提高常规 LE 降维和 KNN 分类的分类精度,进一步验证提出的 AWSK 距离。首先利用 AWSK 距离改进 LE 降维中的邻域构建及权重系数计算,然后利用本征分解得到 ILE 流形坐标。在此基础上,利用 AWSK 距离来改进常规 KNN 分类器中的邻域搜索,并分类高光谱影像的 ILE 低维流形坐标得到最终的分类结果。通过 Indian 和 PaviaU 两个高光谱影像数据集,对比其他三种组合策略(LE‑IKNN,ILE‑KNN 和 LE‑KNN)来验证 ILE‑IKNN 组合策略的有效性。实验结果证明,ILE‑IKNN 能够大幅度提升 LE‑KNN 策略的总体分类精度 OCA 和平均分类精度 ACA,而且各单一地物的分类精度都有显著提升。

第 8 章

结论和展望

8.1 研 究 结 论

成像光谱仪的广泛应用引领遥感进入了高光谱遥感阶段。高光谱遥感目前在海洋水质监测、植被覆盖制图、精细农业和国防安全方面得到广泛应用。成像光谱仪获得的高光谱影像数据具有波段众多、光谱分辨率高、波段相关性强且数据冗余多高等特点,不同于多光谱影像和其他影像数据。因此,在应用高光谱遥感满足实际需求的同时,学者们开始着重研究高光谱影像的数据处理技术,包括数据预处理、降维、分类、目标识别和异常探测等。其中,高光谱影像降维技术非常关键,降维后的低维光谱向量对后续的分类、目标识别和异常探测等应用意义重大。加上高光谱影像数据的波段众多且数据冗余度高等特点也对传统的遥感影像处理理论提出挑战。因此,本书研究高光谱影像的降维将对高光谱影像数据处理的理论和实际应用具有重大的科学意义。

由神经生理学中人的流形感知引发的非线性流形学习方法依托严密的神经生理学和微分几何数学理论,不仅能够挖掘高维数据集的非线性结构,而且能够实现高维数据的高效率降维。流形学习方法假设高维观测空间中的点由少数独立变量的共同作用在观测空间张成一个流形,如果能够有效地展开空间卷曲的流形或者发现其内在的主要变量,就可以通过流形学习对该数据集进行降维。高光谱影像作为典型的高维空间数据,由于双向反射分布函数效应、多重散射及像素成分的异质性等原因具有明显的非线性特性。因此,本书从高光谱数据的非线性本质出发来引入流形学习方法,结合高光谱影像的自身特性,挖掘高光谱影像内部的非线性流形特征,研究高光谱影像的流形学习降维对应的光谱意义解释,构建适合高光谱影像数据特性的非线性流形学习降维理论和方法体系,并在实践上指导后续的高光谱影像分类、目标识别和异常探测等应用。

经过全面的分析和研究,本书所取得的研究成果和结论如下:

(1)由于高光谱影像的低维潜在变量的先验知识缺失,本书以 Isomap 方法为例,提出通过观察和对比低维流形坐标与对应的光谱曲线特征的方法来解释低维流形坐标的光谱意义,建立 Isomap 流形坐标与影像中一定波段区间中各地物光谱特征的对应关系。同时,针对 Isomap 降维过程中存在的最短路径图谱的边界点缺失问题,提出采用偏最小二乘方法(PLS)来修复遗失点的低维流形坐标。在此基础上,利用 Isomap 的低维流形坐标的光谱意义来解释得到的低维流形图,通过图像处理来提取影像内部的低维流形特征,进而验证流形坐标的光谱意义解释的正确性。实验结果证明,Isomap 低维流形图能够保留并扩大地物间的细微光谱差异,能偶用于提取原本难以辨识的低维流形特征,最终验证流形坐标的光谱意义解释的正确性。

(2)常规的高光谱影像的流形学习降维侧重于单一方法的研究,没有分析过两种流形坐标的差异所带来的原始影像中地物的光谱特征的不同。因此,本书以 Isomap 和 LTSA 方法为例,基于流形坐标的光谱意义解释,提出流形坐标差异图法来分析两种流形坐标差异所代表的高光谱影像中地物的光谱特征的不同,并将流形坐标差异图法用来提取单一方法的低维流形图中无法得到的高光谱影像内部的潜在特征。实验结果显示，流形坐标差异图法能够很好提取高光谱影像中的潜在特征，如靠岸的浅水区域和低分辨率的道路。

（3）Isomap 降维没有考虑高光谱影像数据在高维光谱空间中的分布以及高光谱数据的计算量大等特性。因此，本章提出 UL-Isomap 方法来提高 Isomap 在高光谱影像降维中的应用效果，从标志点选取和计算速度两个方面改善常规的 LIsomap 方法。UL-Isomap 采用 VQ 标志点来替代原来的随机标志点，改善 LIsomap 的低维嵌入结果。同时，采用随机映射、基于递归兰索斯切分的快速近似 k-邻域构建和快速随机低阶近似奇异值分解三种策略来综合提高 LIsomap 的计算效率。通过 Indian 和 PaviaU 两个高光谱数据集设计的五组设计实验，结果显示 UL-Isomap 能够明显提高 LIsomap 的低维嵌入结果的分类精度，而且能够提高至少约 5 倍的 LIsomap 的计算速度。

（4）针对高光谱影像 LTSA 降维中存在的忽略光谱向量的空间特性和计算量大两大问题，本书提出 ENH - LTSA 方法来改善 LTSA 的低维嵌入结果和计算速度。ENH - LTSA 采用 AWSK 距离来改善 LTSA 的 k-邻域搜索结果，提高 LTSA 的低维嵌入结果。同时，ENH - LTSA 采用随机映射、基于递归兰索斯切分的快速近似 k-邻域构建和快速随机低阶近似奇异值分解三种策略来综合提高 LTSA 的计算效率。通过 Indian 和 Urban 两个高光谱数据集设计的五组设计实验，结果显示 ENH - LTSA 能够明显提高 LTSA 的低维嵌入结果的分类精度，而且能够提高至少约 3 倍的 LTSA 的计算速度。

（5）针对高光谱影像 LE 降维和 KNN 分类器中存在的忽略高光谱影像的空间特性问题，本书提出联合改进 LE 降维和 KNN 分类器的组合策略（ILE - IKNN）来提高常规 LE 降维和 KNN 分类的分类精度，同时进一步验证提出的 AWSK 距离。ILE 降维方法利用 AWSK 距离改进 LE 降维中的邻域构建及权重系数计算。IKNN 分类器利用 AWSK 距离来改进常规 KNN 分类器中的邻域搜索。通过 Indian 和 PaviaU 两个高光谱影像数据集的分类实验,结果显示 ILE‐IKNN 能够大幅度提升 LE‐KNN 组合策略的分类精度,而且各单一地物的分类精度都有显著提升。

8.2 特色与创新

本书研究的特色与创新主要体现在以下三方面:

1. 提出高光谱影像的低维流形坐标的光谱意义解释

由于高光谱影像低维潜在变量的先验知识缺失,这使得现有高光谱影像的低维流形坐标没有具体的光谱含义。因此,本书以 Isomap 方法为例,提出通过采用观察和对比流形坐标与对应的光谱曲线特征的方法来解释低维流形坐标的光谱意义,建立 Isomap 的流形坐标与原始高光谱影像中一定波段区间中各地物光谱特征的对应关系。

2. 提出流形坐标差异图法来提取高光谱影像的潜在特征

流形坐标对应高光谱影像中一定波段区间中各地物的光谱特征。两种流形坐标的差异能够反映他们所集成的高光谱影像中地物光谱特征的不同,进而对比两种流形坐标可以提取在单一流形学些方法的低维流形图上无法凸显的原始影像内部的潜在特增。因此,本书以 Isomap 和 LTSA 方法为例,基于流形坐标的光谱意义解释,通过分析流形坐标差异所带来的原始影像中地物的光谱特征的不同,提出流形坐标差异图法来提取高光谱影像内部的潜在特征。

3. 提出结合高光谱影像特性的流形学习降维的改进模型

现有的流形学习降维往往忽略高光谱影像数据的"图谱合一"特性、像素点在高维空间中的分布以及高光谱数据的计算量大等特点。因此,我们采用矢量量化方法来选取 VQ 标志点,改进 LIsomap 方法中的标志点选取,提高低维嵌入结果。同时,我们采用随机映射、快速近似 k-邻域构建和快速随机低阶近似奇异值分解方法来改进流形学习方法的计算效率。考虑高光谱影像的空间特性,我们采用自适应加权综合核距离来同时考虑像素点的空间特征和光谱特征,改善流形学习的嵌入结果。基于以上改进策略,我们提出 UL-Isomap 降维方法来改进原有的 LIsomap 模型来改善 LIsomap 的低维嵌入结果和计算速度。同时,我们提出 ENH-LTSA 降维方法来改进原有的 LTSA 模型,提高 LTSA 的低维嵌入结果和计算速度。而且,我们还提出 ILE 降维和 IKNN 组合策略来替代原有的 LE 降维和 KNN 组合策略,改善高光谱影像在实际应用中的分类结果。

8.3　展望与下一步工作

本书从高光谱影像的非线性本质出发,结合高光谱影像的数据特性,构建适合于高光谱影像的流形学习降维理论和方法体系。虽然本书的研究取得了一定的成果,然而认真总结下来,本书的研究仍存在一些问题,需要后续的工作来进一步完善和加强。存在的主要问题有以下四方面:

1. 低维流形坐标的光谱意义解释方法需要完善

本书虽然采用观察和对比低维流形坐标和对应的光谱曲线的变化趋势的方法来获取低维流形坐标的光谱意义解释。然而文中的实验数据得到的流形坐标维数都小于或等于 3 维,目前由于对实际观察和对比分析难度的考虑,没有对更高维数的低维流形坐标来解释其光谱意义。同时,低维流形坐标的光谱意义解释方法中,矩形大小的选取目前是通过人工设定,矩形大小对光谱意义解释的结果的影响没有认真分析。这些问题都需要在下一步的工作中仔细考虑并解决。

2. 流形学习降维中参数选取问题没有全面考虑

流形学习降维的结果依赖于参数的选取,尤其是邻域大小 k 和低维嵌入维数 d。本书中的邻域大小 k 和低维嵌入维数 d 的选取,在不同的实验数据和实验目的中采用的选取方法不同,得到的选取结果也不同。目前还没有完全做到依据一定的原则来统一选取参数或实现自动或半自动化智能选取。在下一步工作中,我们将针对不同流形学习方法来研究其内部参数选取问题。

3. 所提出的降维改进模型需要进一步验证和完善

本书提出的方法在一些实验数据中得到实验验证,证明提出的改进模型相比原始的降维方法效果更好。然而,相比实际的高光谱影像数据,本书采用的影像数据较小,无法做到全面验证提出的方法的可靠性。而且,作为一个原有方法的改进模型,本书提出的方法需要更多的实际高光谱影像数据来进一步测试,从而更好完善和应用本书提出的方法。此外,本书主要针对非监督流形学习方法,半监督及监督流形学习方法也是下一步我们需要探索的工作。

4. 没有考虑高光谱影像可能存在的多流形现象

本书研究的高光谱影像流形学习降维方法,包括 Isomap、LTSA 和 LE 方法都假设高光谱影像数据采样于一个统一的低维流形,然后通过保持某些几何特性来降维原始数据集并得到低维嵌入结果。然而,由于高光谱影像在高维空间中的分布先验知识缺失,高光谱影像数据可能存在内部的多流形现象,不同的地物类别可能位于不同的低维流形上。因此,需要从理论和实验方面来验证高光谱影像可能存在的多流形现象,进一步完善高光谱影像的流形学习降维理论。

参考文献

Al-Mmoustafa T，Armitage R P，Danson F M. Mapping fuel moisture content in upland vegetation using airborne hyperspectral imagery ［J］. Remote Sensing of Environment，2012，127：74 - 83.

Angenent S，Hakere S，Tannenbaum A，et al. On the Laplace-Beltrami operator and brain surface flattening ［J］. IEEE Transactions on Medical Imaging，1999，18：700 - 711.

Arzuaga-Cruz E，Jimenez-Rodriguze L O，Velez-Reyes M. Unsupervised feature extraction and band subset selection techniques based on relative entropy criteria for hyperspectral data analysis ［C］//Proceedings of SPIE Conference on Algorithms and Technologies for Multispectral，Hyperspectral，and Ultraspectral Imagery IX，Orlando，FL，April 21，2003：462 - 473.

Askraba S，Paap A，Alameh K，et al. Optimization of an Optoelectronics-Based Plant Real-Time Discrimination Sensor for Precision Agriculture ［J］. Journal of Lightwave Technology，2013，31：822 - 829.

Bachmann C M，Ainsworth T L，Fusina R A. Exploiting manifold geometry in hyperspectral imagery ［J］. IEEE Transactions on Geoscience and Remote Sensing，2005，43：441 - 454.

Bachmann C M，Ainsworth T L，Fusina R A. Improved manifold coordinate representations of large-scale hyperspectral scenes [J]. IEEE Transactions on Geoscience and Remote Sensing, 2006, 44: 2786 - 2803.

Bachmann C M, Ainsworth T L, Fusina R A, et al. Bathymetric retrieval from hyperspectral imagery using manifold coordinate representations [J]. IEEE Transactions on Geoscience and Remote Sensing, 2009, 47: 884 - 897.

Bajcsy P, Groves P. Methodology for hyperspectral band selection [J]. Photogrammetric engineering and remote sensing, 2004, 70: 793 - 802.

Balasubeamanian M, Schwartz E L. The isomap algorithm and topological stability [J]. Science, 2002, 295: 7.

Anerjee A, Burlina P, Diehl C. A support vector method for anomaly detection in hyperspectral imagery [J]. IEEE Transactions on Geoscience and Remote Sensing, 2006, 44: 2282 - 2291.

Banfield J D, Raftery A E. Ice floe identification in satellite images using mathematical morphology and clustering about principal curves [J]. Journal of the American Statistical Association, 1992, 87: 7 - 16.

Baraniuk R, Davenport M, Devore R, et al. A simple proof of the restricted isometry property for random matrices [J]. Constructive Approximation, 2008, 28: 253 - 263.

Baraniuk R G, Wakin M B. Random projections of smooth manifolds [J]. Foundations of Computational Mathematics, 2009, 9: 51 - 77.

Baudat G, Anouar F. Generalized discriminant analysis using a kernel approach [J]. Neural computation, 2000, 12: 2385 - 2404.

Belkin M, Niyogi P. Laplacian eigenmaps for dimensionality reduction and data representation [J]. Neural computation, 2003, 15: 1373 - 1396.

Bennett R. The intrinsic dimensionality of signal collections [J]. IEEE Transactions on Information Theory, 1969, 15: 517 - 525.

Berger M, Gostiaux B, Levy S. Differential geometry: manifolds, curves, and surfaces [M]. Berlin: Springer-Verlag, 1988.

Berry M W. Large-scale sparse singular value computations [J]. International Journal of Supercomputer Applications, 1992, 6: 13 – 49.

Bingham E, Mannila H. Random projection in dimensionality reduction: applications to image and text data, Proceedings of the seventh ACM SIGKDD international conference on Knowledge discovery and data mining, San Francisco, CA, USA, August 26 – 29, 2001: 245 – 250.

Boley D. Principal direction divisive partitioning [J]. Data mining and knowledge discovery, 1998, 2: 325 – 344.

Bouzalmat A, Belghini N, Zarghili A, et al. Face Recognition Using Neural Network Based Fourier Gabor Filters & Random Projection [J]. International Journal of Computer Science and Security (IJCSS), 2011, 5: 376 – 385.

Brand M. Charting a manifold [J]. Advances in neural information processing systems, 2003, 15: 985 – 992.

Breuer M, Albertz J. Geometric correction of airborne whiskbroom scanner imagery using hybrid auxiliary data [J]. International Archives of Photogrammetry and Remote Sensing, 2000, 33: 93 – 100.

Bruce L M, Koger C H, Li J. Dimensionality reduction of hyperspectral data using discrete wavelet transform feature extraction [J]. IEEE Transactions on Geoscience and Remote Sensing, 2002, 40: 2331 – 2338.

Bruske J, Sommer G. Intrinsic dimensionality estimation with optimally topology preserving maps [J]. IEEE Transactions on Pattern Analysis and Machine Intelligence, 1998, 20: 572 – 575.

Camastra F, Vinviarelli A. Estimating the intrinsic dimension of data with a fractal-based method [J]. Pattern Analysis and Machine Intelligence, IEEE Transactions on, 2002, 24: 1404 – 1407.

Camps-Valls G, Bandos Marsheva T, Zhou D. Semi-supervised graph-based hyperspectral image classification [J]. IEEE Transactions on Geoscience and Remote Sensing, 2007, 45: 3044 – 3054.

Camps-Valls G, Bruzzone L. Kernel methods for remote sensing data analysis [M]. Chichester: John Wiley and Sons, 2009.

Camps-Valls G, Gomez-Chova L, Mu Oz-Mar, et al. Composite kernels for hyperspectral image classification [J]. IEEE Geoscience and Remote Sensing Letters, 2006, 3: 93 - 97.

Caulk R F, Reyes K B, Bauer Jr, et al. Outlier detection in hyperspectral imagery using closest distance to center with ellipsoidal multivariate trimming [J]. The Journal of Defense Modeling and Simulation: Applications, Methodology, Technology, 2012, 9: 163 - 172.

Chang C-I, Du Q, Sun T-L, et al. A joint band prioritization and band-decorrelation approach to band selection for hyperspectral image classification [J]. IEEE Transactions on Geoscience and Remote Sensing, 1999, 37: 2631 - 2641.

Chang C-I, Wang S. Constrained band selection for hyperspectral imagery [J]. IEEE Transactions on Geoscience and Remote Sensing, 2006, 44: 1575 - 1585.

Chang K-Y, Ghosh J. A unified model for probabilistic principal surfaces [J]. IEEE Transactions on Pattern Analysis and Machine Intelligence, 2001, 23: 22 - 41.

Chen C-M. Comparison of principal component analysis and minimum noise fraction transformation for reducing the dimensionality of hyperspectral imagery [J]. Geographical Research, 2000, 33: 163 - 178.

Chen G, Qian S-E. Dimensionality reduction of hyperspectral imagery using improved locally linear embedding [J]. Journal of Applied Remote Sensing, 2007, 1: 013509 - 013519.

Chen G, Qian S E. Denoising and dimensionality reduction of hyperspectral imagery using wavelet packets, neighbour shrinking and principal component analysis [J]. International Journal of Remote Sensing, 2009, 30: 4889 - 4895.

Chen J, Fang H, Saad Y. Fast Approximate KNN Graph Construction for High Dimensional Data via Recursive Lanczos Bisection [J]. The Journal of Machine Learning Research, 2009, 10: 1989 - 2012.

Chen Y, Crawford M M, Ghosh J. Applying nonlinear manifold learning to hyperspectral data for land cover classification [C]//Proceedings of IEEE International Conference on Geoscience and Remote Sensing Symposium, Seoul, Korea, July 25 - 29, 2005: 4311 - 4314.

Chen Y, Crawford M M, Ghosh J. Improved nonlinear manifold learning for land cover classification via intelligent landmark selection [C]//Proceedings of IEEE International Conference on Geoscience and Remote Sensing Symposium, Denver, Colorado, July 31 - August 4, 2006: 545 - 548.

Cheriyadat A, Bruce L M. Why principal component analysis is not an appropriate feature extraction method for hyperspectral data [C]//Proceedings of IEEE International Conference on Geoscience and Remote Sensing Symposium, Toulouse, France, July 21 - 25, 2003: 3420 - 3422.

Chiang S-S, Chang C-I, Ginsberg I W. Unsupervised hyperspectral image analysis using independent component analysis [C]//Proceedings of IEEE International Conference on Geoscience and Remote Sensing Symposium, Honolulu Hawaii, USA, July 24 - 28, 2000: 3136 - 3138.

Chiang S-S, Chang C-I, Ginsberg I W. Unsupervised target detection in hyperspectral images using projection pursuit. IEEE Transactions on Geoscience and Remote Sensing, 2001, 39: 1380 - 1391.

Coifman R R, Lafon S. Diffusion maps [J]. Applied and Computational Harmonic Analysis, 2006, 21: 5 - 30.

Costa J A, Girotra A, Hero A. Estimating local intrinsic dimension with k-nearest neighbor graphs [C]//Processing of IEEE/SP 13th Workshop on Statistical Signal, Bordeaux, France, July 17 - 20, 2005: 417 - 422.

Costa J A, Hero A O. Geodesic entropic graphs for dimension and entropy estimation in manifold learning [J]. IEEE Transactions on Signal Processing, 2004, 52: 2210 - 2221.

Cover T, Hart P. Nearest neighbor pattern classification [J]. IEEE Transactions on

Information Theory, 1967, 13: 21 - 27.

Cox M A, Cox T F. Multidimensional scaling [M]. Handbook of data visualization, 2008: 315 - 347.

Crawdford M, Kim W. Manifold learning for multi-classifier systems via ensembles [J]. Multiple Classifier Systems, 2009, 5519: 519 - 528.

Crawford M M, Ma L, Kim W. Exploring Nonlinear Manifold Learning for Classification of Hyperspectral Data [M]//Optical Remote Sensing. Berlin: Springer Heidelberg, 2011: 207 - 234.

Delicado P. Another look at principal curves and surfaces [J]. Journal of Multivariate Analysis, 2001, 77: 84 - 116.

Diani M, Acito N, Greco M, et al. A new band selection strategy for target detection in hyperspectral images [J]. Knowledge-Based Intelligent Information and Engineering Systems, 2008, 5179: 424 - 431.

Dong G, Zhang Y, Song J. Dimensionality Reduction of Hyperspectral Data Based on Isomap Algorithm [C]//Proceedings of the Eighth International Conference on Electronic Measurement and Instruments, Xi'an, China, August 16 - July 18, 2007: 935 - 938.

Donoho D L, Grimes C. When does isomap recover the natural parameterization of families of articulated images? [M] Department of Statistics, Stanford University, 2002.

Donoho D L, Grimes C. Hessian eigenmaps: Locally linear embedding techniques for high-dimensional data [C]//Proceedings of the National Academy of Sciences, 2003, 100: 5591 - 5596.

Du H, Qi H, Wang X, et al.. Band selection using independent component analysis for hyperspectral image processing [C]//Proceedings of Applied Imagery Pattern Recognition Workshop, Washington, DC, USA, October 15 - 17, 2003: 93 - 98.

DU Q. Band selection and its impact on target detection and classification in hyperspectral image analysis [C]//Proceedings of IEEE Workshop on Advances in

Techniques for Analysis of Remotely Sensed Data, Washington DC, USA, October 27 – 28, 2003: 374 – 377.

Du Q, Fowler J E, Ma B. Random-projection-based dimensionality reduction and decision fusion for hyperspectral target detection [C]//Proceedings of IEEE International Geoscience and Remote Sensing Symposium, Vancouver, BC, Canada, July 24 – 29, 2011: 1790 – 1793.

Du Q, Yang H. Similarity-based unsupervised band selection for hyperspectral image analysis [J]. IEEE Geoscience and Remote Sensing Letters, 2008, 5: 564 – 568.

Equitz W H. A new vector quantization clustering algorithm [J]. IEEE Transactions on Acoustics, Speech and Signal Processing, 1989, 37: 1568 – 1575.

Eriksson B, Crovella M. Estimating intrinsic dimension via clustering [C]//Proceedings of 2012 IEEE Statistical Signal Processing Workshop (SSP), Ann Arbor, MI, USA, August 5 – 8, 2012: 760 – 763.

Fan M, Qiao H, Zhang B. Intrinsic dimension estimation of manifolds by incising balls [J]. Pattern Recognition, 2009, 42: 780 – 787.

Farrell Jr M D, Mersereau R M. On the impact of PCA dimension reduction for hyperspectral detection of difficult targets [J]. IEEE Geoscience and Remote Sensing Letters, 2005, 2: 192 – 195.

Fontinovo G, Allegrini A, Atturo C, et al. Speedy methodology for geometric correction of MIVIS data [J]. European Journal of Remote Sensing, 2012, 45: 19 – 25.

Fowler J, Du Q. Anomaly detection and reconstruction from random projections [J]. IEEE Transactions on Image Processing, 2012, 21: 184 – 195.

Fowler J E, Du Q. Anomaly Detection and Reconstruction From Random Projections [J]. IEEE Transactions on Image Processing, 2012, 21: 184 – 195.

Gao X, Liang J. The dynamical neighborhood selection based on the sampling density and manifold curvature for isometric data embedding [J]. Pattern Recognition Letters, 2011, 32: 202 – 209.

Gersho A, Gray R M. Vector quantization and signal compression [M]. Netherlands: Springer, 1992.

Gillis D, Bowles J, Lamela G M, et al. Manifold learning techniques for the analysis of hyperspectral ocean data [C]//Proceedings of SPIE Conference on Algorithms and Technologies for Multispectral, Hyperspectral, and Ultraspectral Imagery XI, Orlando, FL, USA, March 28, 2005: 342 - 351.

Gillis D B, Bowles J H. Hyperspectral image segmentation using spatial-spectral graphs [C]//Proceedings of SPIE Conference on Algorithms and Technologies for Multispectral, Hyperspectral, and Ultraspectral Imagery XVIII, Baltimore, Maryland, USA, April 23, 2012: 83901Q - 83901Q.

Gomez-Chova L, Calpe J, Camps-Valls G, et al. Feature selection of hyperspectral data through local correlation and SFFS for crop classification [C]//Proceedings of IEEE International Conference on Geoscience and Remote Sensing Symposium, Toulouse, France, July 21 - 25, 2003: 555 - 557.

Groves P, Bajcsy P. Methodology for hyperspectral band and classification model selection [C]//Proceedings of IEEE Workshop on Advances in Techniques for Analysis of Remotely Sensed Data, Washington DC, USA, October 27 - 28, 2003: 120 - 128.

Guo B, Gunn S R, Damper R, et al. Band selection for hyperspectral image classification using mutual information [J]. IEEE Geoscience and Remote Sensing Letters, 2006, 3: 522 - 526.

Hall P, Li K-C. On almost linearity of low dimensional projections from high dimensional data [J]. The Annals of Statistics, 1993, 21(2): 867 - 889.

Han T, Goodenough D G. Nonlinear feature extraction of hyperspectral data based on locally linear embedding (LLE) [C]//Proceedings of IEEE International Conference on Geoscience and Remote Sensing Symposium, Seoul, Korea, July 25 - 29, 2005: 1237 - 1240.

Hstie T, Stuetzle W. Principal curves [J]. Journal of the American Statistical

Association, 1989, 84: 502 - 516.

He J, Zhang L, Wang Q, et al. Using diffusion geometric coordinates for hyperspectral imagery representation [J]. IEEE Geoscience and Remote Sensing Letters, 2009, 6: 767 - 771.

He X, Ma W-Y, Zhang H-J. Learning an image manifold for retrieval [C]// Proceedings of the 12th annual ACM international conference on Multimedia, New York, USA, October 10 - 15, 2004: 17 - 23.

He X, Yan S, Hu Y, et al. Face recognition using laplacianfaces [J]. IEEE Transactions on Pattern Analysis and Machine Intelligence, 2005, 27: 328 - 340.

Hinton G, Roweis S. Stochastic neighbor embedding [J]. Advances in neural information processing systems, 2002, 15: 833 - 840.

Hsieh P-F, Landgrebe D. Classification of high dimensional data [R]. ECE Technical Reports, 1998: 52.

Hsu P-H. Feature extraction of hyperspectral images using wavelet and matching pursuit [J]. ISPRS Journal of photogrammetry and remote sensing, 2007, 62: 78 - 92.

Hu S, Zhang L, Baig M H A, et al. Using MODTRAN4 to build up a general look-up-table database for the atmospheric correction of hyperspectral imagery [C]// Proceedings of IEEE International Conference on Geoscience and Remote Sensing Symposium, Munich, Greece, July 22 - 27, 2012: 2458 - 2461.

Huang L, Zhang L. Manifold Inspired feature extraction for hyperspectral image [C]// Proceedings of nternational Conference on Computer Science and Network Technology (ICCSNT), Harbin, China, December 24 - 26, 2011: 1955 - 1958.

Huang R, He M. Band selection based on feature weighting for classification of hyperspectral data [J]. IEEE Geoscience and Remote Sensing Letters, 2005, 2: 156 - 159.

Hughes G. On the mean accuracy of statistical pattern recognizers [J]. IEEE Transactions on Information Theory, 1968, 14: 55 - 63.

Ji B, Chang C-I, Jensen J L, et al. Unsupervised constrained linear Fisher's discriminant analysis for hyperspectral image classification [C]//Proceedings of SPIE Conference on Imaging Spectrometry X, Denver, CO, USA, August 2, 2004: 344 - 353.

Jia X, Richards J A. Segmented principal components transformation for efficient hyperspectral remote-sensing image display and classification [J]. IEEE Transactions on Geoscience and Remote Sensing, 1999, 37: 538 - 542.

Jimenez L, Landgrebe D. High dimensional feature reduction via projection pursuit [C]//Proceedings of IEEE International Conference on Geoscience and Remote Sensing Symposium, Pasadena, CA, USA, July 8 - 12, 1994: 1145 - 1147.

Jimenez L O, Landgrebe D A. Supervised classification in high-dimensional space: Geometrical, statistical, and asymptotical properties of multivariate data [J]. IEEE Transactions on Applications and Reviews of Systems, Man, and Cybernetics, 1998, 28: 39 - 54.

Jimene L O, Landgrebe D A. Hyperspectral data analysis and supervised feature reduction via projection pursuit [J]. IEEE Transactions on Geoscience and Remote Sensing, 1999, 37: 2653 - 2667.

Jun G, Ghosh J. Spatially adaptive classification of land cover with remote sensing data [J]. IEEE Transcations on Geoscience and Remote Sensing, 2011, 49: 2662 - 2673.

Kfgl B. Intrinsic dimension estimation using packing numbers [J]. Advances in neural information processing systems, 2002, 15: 681 - 688.

K Gl B, Krzyzak A, Linder T, et al.. Learning and design of principal curves [J]. IEEE Transactions on Pattern Analysis and Machine Intelligence, 2000, 22: 281 - 297.

Kim D H, Finkel, et al. Hyperspectral image processing using locally linear embedding [C]//Proceedings of IEEE International Conference on Neural Engineering, Capri Island, Italy, March 20 - 22, 2003: 316 - 319.

Kim M, Park J Y, Aitken J. Atmospheric correction of the CASI hyperspectral image using the scattering angle by the direct solar beam [C]//Proceedings of SPIE Conference on Algorithms and Technologies for Multispectral, Hyperspectral, and Ultraspectral Imagery XVIII, Baltimore, Maryland, USA, April 23, 2012: 83900Y – 83909Y.

Kim W, Chen Y, Crawford M M, et al. Multiresolution manifold learning for classification of hyperspectral data [C]//Proceedings of IEEE Conference on Geoscience and Remote Sensing Symposium, Barcelona, Spain, July 23 – 27, 2007: 3785 – 3788.

Kim W, Crawford M. A novel adaptive classification method for hyperspectral data using manifold regularization kernel machines [C]//Proceedings of first Workshop on Hyperspectral Image and Signal Processing: Evolution in Remote Sensing, Grenoble, France, June 6 – 9, 2009: 1 – 4.

Kim W, Crawford M M, et al. Spatially adapted manifold learning for classification of hyperspectral imagery with insufficient labeled data [C]//Proceedings of IEEE International Conference on Geoscience and Remote Sensing Symposium, Boston, USA, July 8 – 11, 2008: 213 – 216.

Kopenen S, Pulliainen J, Kallio, et al. Lake water quality classification with airborne hyperspectral spectrometer and simulated M ERIS data [J]. Remote Sensing of Environment, 2002, 79: 51 – 59.

Kruse F, Boardman J, Lef koff A, et al. HyMap: an Australian hyperspectral sensor solving global problems-results from USA HyMap data acquisitions [C]// Proceedings of the Land EnvSat Workshop: the 10th Australasian Remote Sensing and Photogrammetry Conference, Adelaide, Australia, August 25, 2000: 18 – 23.

Kumar S, Ghosh J, Crawford, et al. Best-bases feature extraction algorithms for classification of hyperspectral data [J]. IEEE Transactions on Geoscience and Remote Sensing, 2001, 39: 1368 – 1379.

Kwon H, Nasrabadi N M. Kernel matched subspace detectors for hyperspectral target detection [J]. IEEE Transactions on Pattern Analysis and Machine Intelligence, 2006, 28: 178 - 194.

Lanczos C. An iteration method for the solution of the eigenvalue problem of linear differential and integral operators [R]. United States Government Press Office, 1905.

Lawrence K, Park B, Windham W, et al. Calibration of a pushbroom hyperspectral imaging system for agricultural inspection [J]. Transactions of the ASAE, 2003, 46: 513 - 521.

Leathers R, Downes T. Scene-based nonuniformity correction and bad-pixel identification for hyperspectral VNIR/SWIR sensors [C]//Proceedings of IEEE International Conference on Geoscience and Remote Sensing Symposium, Denver, Colorado, July 31 - August 4, 2006: 2373 - 2376.

Lee J A, Lendasse A, Verlesen M. Nonlinear projection with curvilinear distances: Isomap versus curvilinear distance analysis [J]. Neurocomputing, 2004, 57: 49 - 76.

Lee J A, Verleysen M. Nonlinear dimensionality reduction [M]. New Jersey: Springer Verlag, 2007.

Levina E, Bickel P J. Maximum likelihood estimation of intrinsic dimension [J]. Ann Arbor MI, 2004, 48109: 1092.

Li W, Prasad S, Fowler J E, et al. Locality-Preserving Dimensionality Reduction and Classification for Hyperspectral Image Analysis [J]. IEEE Transactions on Geoscience and Remote Sensing, 2012, 50: 1185 - 1198.

Lim S, Sohn K H, et al. Principal component analysis for compression of hyperspectral images [C]//Proceedings of IEEE Conference on Geoscience and Remote Sensing Symposium, Sydney, Australia, July 9 - 13, 2001: 97 - 99.

Linde Y, Buzo A, Gray R. An algorithm for vector quantizer design [J]. IEEE Transactions on Communications, 1980, 28: 84 - 95.

Little A V, Lee J, Jung Y-M, et al. Estimation of intrinsic dimensionality of samples from noisy low-dimensional manifolds in high dimensions with multiscale SVD [C]//Processings of IEEE/SP 15th Workshop on Statistical Signal, Cardiff, United Kingdom, August 31 – September 3, 2009: 85 – 88.

Liu K, Qian X. Manifold Learning Technique for Remote Sensing Image Classification [C]//Proceedings of the 2012 International Conference on Information Technology and Software Engineering, Beijing, China, December 8 – 10, 2012: 793 – 803.

Luo Q, Tian Z, Zhao Z. Shrinkage-divergence-proximity locally linear embedding algorithm for dimensionality reduction of hyperspectral image [J]. Chinese Optics Letters, 2008, 6: 558 – 560.

Luo Y-H, Tao Z-P, Guo K, et al. The Application Research of Hyperspectral Remote Sensing Technology in Tailing Mine Environment Pollution Supervise Management [C]//Proceedings of the 2nd International Conference on Remote Sensing, Environment and Transportation Engineering (RSETE), Nanjing, Jiangsu, China, June 1 – 3, 2012: 1 – 4.

Ma L, Crawford M, Tian J. Generalised supervised local tangent space alignment for hyperspectral image classification [J]. Electronics letters, 2010, 46: 497 – 498.

Ma L, Crawford M M, Tian J. Anomaly detection for hyperspectral images based on robust locally linear embedding [J]. Journal of Infrared, Millimeter and Terahertz Waves, 2010, 31: 753 – 762.

Ma L, Crawford M M, Tian J. Anomaly detection for hyperspectral images using local tangent space alignment [C]//Proceedings of IEEE Conference on Geoscience and Remote Sensing Symposium, Honolulu, Hawaii, USA, July 25 – 30, 2010: 824 – 827.

Ma L, Crawford M M, Tian J. Local manifold learning-based k-nearest-neighbor for hyperspectral image classification [J]. IEEE Transactions on Geoscience and Remote Sensing, 2010, 48: 4099 – 4109.

Mart Nez-Us A, Pla F, Sotoca J M, et al. Clustering-based hyperspectral band selection using information measures [J]. IEEE Transactions on Geoscience and

Remote Sensing，2007，45：4158 - 4171.

Mausel P，Kramber W，Lee J. Optimum band selection for supervised classification of multispectral data ［J］. Photogrammetric engineering and remote sensing，1990，56：55 - 60.

Mccallum A，Nigam K. A comparison of event models for naive bayes text classification ［R］. AAAI - 98 workshop on learning for text categorization. 1998，752：41 - 48.

Mekuz N，Tsotsos J. Parameterless Isomap with adaptive neighborhood selection ［J］. Pattern Recognition，2006，4714：364 - 373.

Mo D，Huang S H. Fractal-Based Intrinsic Dimension Estimation and Its Application in Dimensionality Reduction ［J］. IEEE Transactions on Knowledge and Data Engineering，2012，24：59 - 71.

Mohan A，Sapiro G，Bosch E. Spatially coherent nonlinear dimensionality reduction and segmentation of hyperspectral images ［J］. IEEE Geoscience and Remote Sensing Letters，2010，4：206 - 210.

Mojaradi B，Emami H，Varshosaz M，et al. A novel band selection method for hyperspectral data analysis ［J］. International Archives of the Photogrammetry，Remote Sensing and Spatial Information Sciences，2008：447 - 451.

Mordohai P，Medioni G. Unsupervised dimensionality estimation and manifold learning in high-dimensional spaces by tensor voting ［C］//Proceedings of international joint conference on artificial intelligence，Edinburgh，Scotland，July 30 - August 5，2005：798 - 803.

Murphy R J，Monteiro S T，Schenider S. Evaluating Classification Techniques for Mapping Vertical Geology Using Field-Based Hyperspectral Sensors ［J］. IEEE Transactions on Geoscience and Remote Sensing，2012，50：3066 - 3080.

Niyogi P. Locality preserving projections ［J］. Advances in neural information processing systems，2004，16：153 - 160.

Olmanson L G，Brezonik P L，Bauer M E. Airborne hyperspectral remote sensing to assess spatial distribution of water quality characteristics in large rivers：The

Mississippi River and its tributaries in Minnesota [J]. Remote sensing of Environment, 2012, 130: 254 - 265.

Pal M D, Brislawn C M, Brumby S. Feature extraction from hyperspectral images compressed using the JPEG - 2000 standard [C]//Proceedings of the fifth IEEE Southwest Symposium on Image Analysis and Interpretation, Santa Fe, New Mexico April 7 - 9, 2002: 168 - 172.

Paskaleva B, Hayat M M, Wang Z, et al. Canonical correlation feature selection for sensors with overlapping bands: Theory and application [J]. IEEE Transactions on Geoscience and Remote Sensing, 2008, 46: 3346 - 3358.

Patan G, Russo M. The enhanced LBG algorithm [J]. Neural Networks, 2001, 14: 1219 - 1237.

Potapov A, Ali M K. Neural networks for estimating intrinsic dimension [J]. Physical Review E, 2002, 65: 046212.

Price J C. Band selection procedure for multispectral scanners [J]. Applied Optics, 1994, 33: 3281 - 3288.

Qian S E, Chen G. A new nonlinear dimensionality reduction method with application to hyperspectral image analysis [C]//Proceedings of IEEE Conference on Geoscience and Remote Sensing Symposium, Barcelona, Spain, July 23 - 27, 2007: 270 - 273.

Ra S W, Kim J K. A fast mean-distance-ordered partial codebook search algorithm for image vector quantization [J]. IEEE Transactions on Circuits and Systems II: Analog and Digital Signal Processing, 1993, 40: 576 - 579.

Raginsky M, Lazebnik S. Estimation of intrinsic dimensionality using high-rate vector quantization [J]. Advances in neural information processing systems, 2006, 18: 1105.

Rodarmel C, Shan J. Principal Component analysis for hyperspectral image classification [J]. Surveying and Land Information Science, 2002, 62: 115 - 122.

Rodger A. SODA: A new method of in-scene atmospheric water vapor estimation and post-flight spectral recalibration for hyperspectral sensors: Application to the

HyMap sensor at two locations [J]. Remote sensing of Environment, 2011, 115: 536 – 547.

Rokhlin V, Szlam A, Tygert M. A randomized algorithm for principal component analysis [J]. SIAM Journal on Matrix Analysis and Applications, 2009, 31: 1100 – 1124.

Roweis S T, Saul L K. Nonlinear dimensionality reduction by locally linear embedding [J]. Science, 2000, 290: 2323 – 2326.

Samko O, Marshall A, Rosin P. Selection of the optimal parameter value for the Isomap algorithm [J]. Pattern Recognition Letters, 2006, 27: 968 – 979.

Sanches I, Tuohy M, Hedley M, et al. Seasonal prediction of in situ pasture macronutrients in New Zealand pastoral systems using hyperspectral data [J]. International Journal of Remote Sensing, 2013, 34: 276 – 302.

Seung H S, Lee D D. The Manifold Ways of Perception [J]. Science, 2000, 290: 2268 – 2269.

Sertel O, Kong J, Lozanski G, et al. Texture classification using nonlinear color quantization: Application to histopathological image analysis [C]//IEEE International Conference on Acoustics, Speech and Signal Processing, Las Vegas, Nevada, USA, March 31 – April 4, 2008: 597 – 600.

Shao C, Huang H. Selection of the optimal parameter value for the ISOMAP algorithm [C]//Proceedings of 2005 Mexican International Conference on Artificial Intelligence, Monterrey, Mexico, November 14 – 18, 2005: 396 – 404.

Shao C, Huang H, Wan C. Selection of the suitable neighborhood size for the ISOMAP algorithm [C]//Proceedings of International Joint Conference on Neural Networks, Orlando, Florida, USA, August 12 – 17, 2007: 300 – 305.

Shen F, Hasegawa O. An adaptive incremental LBG for vector quantization [J]. Neural Networks, 2006, 19: 694 – 704.

Silva V, Tenenbaum J B. Global versus local methods in nonlinear dimensionality reduction [J]. Advances in neural information processing systems, 2003, 15: 705 –

712.

Smola A J，Mika S，Sch Lkoph B，et al. Regularized principal manifolds [J]. The Journal of Machine Learning Research，2001，1：179 - 209.

Stinwart I，Christmann A. Support vector machines [M]. New Jersey：Springer Verlag，2008.

Su H，Yang H，Du Q，et al. Semisupervised Band Clustering for Dimensionality Reduction of Hyperspectral Imagery [J]. IEEE Geoscience and Remote Sensing Letters，2001，8：1135 - 1139.

Tarabalka Y，Fauvel M，Chanussot J，et al. SVM- and MRF-based method for accurate classification of hyperspectral images [J]. IEEE Geoscience and Remote Sensing Letters，2010，7：736 - 740.

Tenenbaum J B，Silva V，Langford J C. A global geometric framework for nonlinear dimensionality reduction [J]. Science，2000，290：2319 - 2323.

Teng L，Li H，Fu X，et al. Dimension reduction of microarray data based on local tangent space alignment [C]//Proceedings of fourth IEEE Conference on Cognitive Informatics，University of California，Irvine，USA，August 8 - 10，2005：154 - 159.

Tiwari K，Arora M，Singh D. An assessment of independent component analysis for detection of military targets from hyperspectral images [J]. International Journal of Applied Earth Observation and Geoinformation，2011，13：730 - 740.

Tong Q X，Zhang B，Zheng L F. Hyperspectral Remote Sensing：Principle，Technology and Application [M]. Beijing：Higher Education Press，2006.

Tu T M. Unsupervised signature extraction and separation in hyperspectral images：A noise-adjusted fast independent component analysis approach [J]. Optical Engineering，2000，39：897 - 906.

Vapink V N. 统计学习理论的本质[M]. 北京：清华大学出版社，2000.

Wang C，Zhao J，He X，et al. Image retrieval using nonlinear manifold embedding [J]. Neurocomputing，2009，72：3922 - 3929.

Wang X R, Kumar S, Ramos F, et al. Probabilistic classification of hyperspectral images by learning nonlinear dimensionality reduction mapping [C]//Proceedings of 9th International Conference on Information Fusion, Florence, Italy, July 10 - 13, 2006: 1 - 8.

Warner T, Steinmaus K, Foote H. An evaluation of spatial autocorrelation feature selection [J]. International Journal of Remote Sensing, 1999, 20: 1601 - 1616.

Wen G. Relative transformation-based neighborhood optimization for isometric embedding [J]. Neurocomputing, 2009, 72: 1205 - 1213.

Wold H. Path models with latent variables: The NIPALS approach [M]. Acad. Press, 1975.

Xia T, Li J, Zhang Y, et al. A more topologically stable locally linear embedding algorithm based on R * -tree [M]//Advances in Knowledge Discovery and Data Mining, 2008: 803 - 812.

Xia W, Dong Z, Pu H, et al. Network topology analysis: A new method for band selection [C]//Proceedings of IEEE International Conference on Geoscience and Remote Sensing Symposium, Munich, Greece, July 22 - 27, 2012: 3062 - 3065.

Xiao J, Zhou Z, Hu D, et al. Self-organized locally linear embedding for nonlinear dimensionality reduction [M]//Advances in Natural Computation, 2005: 407 - 407.

Yang H, Du Q, Chen G. Particle swarm optimization-based hyperspectral dimensionality reduction for urban land cover classification [J]. IEEE Journal of Selected Topics in Applied Earth Observations and Remote Sensing, 2012, 5: 544 - 554.

Yang L. Building connected neighborhood graphs for isometric data embedding [C]// Proceedings of the eleventh ACM SIGKDD international conference on Knowledge discovery in data mining, Chicago, IL, USA, August 21 - 24, 2005: 722 - 728.

Yang L. Building k-edge-connected neighborhood graph for distance-based data projection [J]. Pattern Recognition Letters, 2005, 26: 2015 - 2021.

Yang M H. Face recognition using extended isomap [C]//International Conference on Image Processing, 2002, 2: 117 - 120.

Yin J, Gao C, Jia X. Using Hurst and Lyapunov Exponent For Hyperspectral Image Feature Extraction [J]. IEEE Geoscience and Remote Sensing Letters, 2012, 9: 705 - 709.

Yuen P W, Richardson M. An introduction to hyperspectral imaging and its application for security, surveillance and target acquisition [J]. The Imaging Science Journal, 2010, 58: 241 - 253.

Zare A, Gader P. Hyperspectral band selection and endmember detection using sparsity promoting priors [J]. IEEE Geoscience and Remote Sensing Letters, 2008, 5: 256 - 260.

Zelinski A C, Goyal V K. Denoising hyperspectral imagery and recovering junk bands using wavelets and sparse approximation [C]//Proceedings of IEEE International Conference on Geoscience and Remote Sensing Symposium, Denver, Colorado, July 31 - August 4, 2006: 387 - 390.

Zhang C, Xie Z. Combining object-based texture measures with a neural network for vegetation mapping in the Everglades from hyperspectral imagery [J]. Remote sensing of Environment, 2012, 124: 310 - 320.

Zhang J, Li S, Wang J. Manifold learning and applications in recognition [J]. Intelligent Multimedia Processing with Soft Computing, 2005, 8: 281 - 300.

Zhang K, Kwok J T. Clustered Nyström method for large scale manifold learning and dimension reduction [J]. IEEE Transactions on Neural Networks, 2010, 21: 1576 - 1587.

Zhang T, Yang J, Zhao D, et al. Linear local tangent space alignment and application to face recognition [J]. Neurocomputing, 2007, 70: 1547 - 1553.

Zhang Z, Wang J, Zha H. Adaptive manifold learning [C]//IEEE Transactions on Pattern Analysis and Machine Intelligence, 2007: 1473 - 1480.

Zhang Z, Zha H. Nonlinear dimension reduction via local tangent space alignment [J].

Intelligent Data Engineering and Automated Learning，2003：477-481.

Zhou Y，Wu B，Li D，et al. Edge detection on hyperspectral imagery via manifold techniques [C]//Proceedings of first Workshop on Hyperspectral Image and Signal Processing：Evolution in Remote Sensing，Grenoble，France，June 6-9，2009：1-4.

白正国，沈一兵，水乃翔. 黎曼几何初步[M]. 北京：高等教育出版社，2004.

曾雪强. 偏最小二乘降维方法的研究与应用[D]. 上海：上海大学，2009.

陈省身，陈维桓. 微分几何讲义[M]. 北京：北京大学出版社，2001.

陈述彭，童庆禧，郭华东. 遥感信息机理研究[M]. 北京：科学出版社，1998.

杜博，张乐飞，张良培，等. 高光谱图像降维的判别流形学习方法[J]. 光子学报，2013，42：320-325.

杜培军，唐宏，方涛. 高光谱遥感光谱相似性度量算法与若干新方法研究[J]. 武汉大学学报(信息科学版)，2006，31：112-115.

杜培军，王小美，谭琨，等. 利用流形学习进行高光谱遥感影像的降维与特征提取[J]. 武汉大学学报(信息科学版)，2011，36：148-152.

高小方. 流形学习中的若干问题研究[D]. 太原：山西大学，2011.

谷瑞军. 基于流形学习的高维空间分类器研究[D]. 无锡：江南大学，2008.

韩玲，董连凤，张敏，等. 基于改进的矩匹配方法高光谱影像条带噪声滤波技术[J]. 光学学报，2009，29(12)：3333-3338.

黄启宏. 流形学习方法理论研究及图像中应用[D]. 成都：电子科技大学，2007.

金辉，姜会林，郑玉权，等. 高光谱遥感器的光谱定标[J]. 发光学报，2013，34(2)：235-239.

柯刚扬，安宁，田扬超，等. 旋转扫描式成像光谱仪高光谱的几何变形矫正[J]. 光谱学与光谱分析，2012，32：2223-2227.

刘春红，赵春晖，张凌雁. 一种新的高光谱遥感图像降维方法[J]. 中国图象图形学报：A辑，2005，10：218-222.

路威，余旭初，刘娟. 高光谱遥感数据自适应小波滤噪[J]. 信息工程大学学报，2005，6：91-95.

马庆军.高光谱成像仪的高精度实验室辐射定标及校正方法[J].硅谷,2012,19：30－32.

孟德宇,徐晨,徐宗本.基于 Isomap 的流形结构重建方法[J].计算机学报,2010,33：545－555.

浦瑞良,宫鹏.高光谱遥感及其应用[M].北京：高等教育出版社,2000.

施蓓琦,刘春,孙伟伟,等.应用稀疏非负矩阵分解聚类实现高光谱影像波段的优化选择[J].测绘学报,2013,42(3)：351－358.

石茜,杜博,张良培.一种基于局部判别正切空间排列的高光谱遥感影像降维方法[J].测绘学报,2012,41：417－420.

苏红军,杜培军,盛业华.高光谱影像波段选择算法研究[J].计算机应用研究,2008,25：1093－1096.

苏红军,盛业华.基于正交投影散度的高光谱遥感波段选择算法[J].光谱学与光谱分析,2011,31(5)：1309－1313.

孙圣和,陆哲明.矢量量化技术及应用[M].北京：科学出版社,2002.

孙伟伟,刘春,施蓓琦,等.利用偏最小二乘方法修复高光谱影像等距映射降维中遗失点的坐标[J].武汉大学学报(信息科学版),2012,37：550－554.

童庆禧,张兵,郑兰芬.高光谱遥感的多学科应用[M].北京：电子工业出版社,2006.

王靖.流形学习的理论与方法研究[D].杭州：浙江大学,2006.

王立国,赵春晖,毕晓君.端元选择算法在波段选择中的应用[J].吉林大学学报(工学版),2007,37：915－919.

王强.基于流形学习的人体运动姿势识别[D].大连：大连海事大学,2008.

王自强,钱旭,孔敏.流形学习算法综述[J].计算机工程与应用,2008,44：9－12.

徐蓉,姜峰,姚鸿勋.流形学习概述[J].智能系统学报,2006,1：44－51.

杨国鹏.基于核方法的高光谱影像分类与特征提取[D].郑州：解放军信息工程大学,2007.

杨哲海.高光谱影像分类若干关键技术的研究[D].郑州：解放军信息工程大学,2006.

杨诸胜.高光谱图像降维及分割研究[D].西安：西北工业大学,2006.

尹峻松,肖健,周宗潭,等.非线性流形学习方法的分析与应用[J].自然科学进展,2007,

17：1015－1025.

詹宇斌，殷建平，刘新旺，等. 流形学习中基于局部线性结构的自适应邻域选择[J].计算机研究与发展，2011，48：576－583.

张东，张鹰，李欢. 海岸带星载高光谱遥感影像预处理方法[J].海洋科学进展，2009，27：92－97.

张连蓬，储美华，刘国林，等. 高光谱遥感波段选择的非线性投影寻踪方法[J].徐州师范大学学报(自然科学版)，2004，22：49－53.

张良培，李德仁. 鄱阳湖地区高光谱遥感数据的定标研究[J].武汉测绘科技大学学报，1997，22：35－38.

张良培，张立福. 高光谱遥感[M].武汉：武汉大学出版社，2005.

赵祥，梁顺林，刘素红，等. 高光谱遥感数据的改正暗目标大气校正方法研究[J].中国科学：D辑，2007，37：1653－1659.

朱艳，刘晓莉，杨哲海. 高光谱数据的降维及 Tabu 搜索算法的应用[J].测绘科学技术学报，2007，24：22－25.

卓莉，郑璟，王芳，等. 基于 GA－SVM 封装算法的高光谱数据特征选择[J].地理研究，2008，27：493－501.

后　记

公元二〇一三年癸巳岁春,樱花烂漫之时,本书初始告成。虽未敢称沥血之作,然推文敲字,未敢丝毫懈怠。遥思当年,余以弱冠之龄,拜别桑梓,千里负笈,求学于同济大学,意气方遒。本科四载,余惜时若金,勤勉自励,得学士学位,遂保送硕士以图深作。一年半毕,又直升至攻读博士学位。光阴荏苒,岁月易逝,求学十载春秋,余已近而立之年。恰初春时节,室外万物吐绿,景致心怡,仿如昔日。余独坐窗前,寄情遐思,感慨十年收益之颇多。于今学业小成之时,是认为情造文,借此片纸,铭谢师长教育之恩,父母养育之恩,乃至亲友关切之恩。

余自公元二〇〇六年丙戌年夏,惠于师兄范君业明之相荐,保送拜读于恩师姚刘二公门下。姚公坦率谦和,学识渊博,治学严谨,言传身教,身体力行。余耳濡目染数载,每每以精益求精,尽善尽美为做事之念。刘公才华品学,博学睿智,思维敏锐,蔚为大家。犹忆当年,乍入门墙,刘公不以余愚钝,耳提面命,谆谆善导,发蒙启蔽,鱼渔双授,引领余得入学术之殿堂。尔后,得益于刘公之敦促鼓励,余有幸留学西洋一载,静心而作,精进学业。刘公之德,以身作则,行端表正,谦逊和蔼,常教育余辈以德为先,德才兼备,诚信处人,踏实谋事。艨艟巨舰,非桨舵导引之助不能乘风破浪;北溟鲲鹏,非长风托举之力不能垂翼九天。倘无刘公悉心教育,吾愚钝之身，难堪大用，其金玉良言，谆谆教诲此生永铭。

余之大师兄吴君杭彬，博学多才，为人谦和，宽厚善良，乃吾辈学习之楷模。与君相识七载，亦师亦友，对吾悉心指教，提携颇多，余受益匪浅，垂教之恩，永记在心。师姐施君蓓琦，为人善良，宽厚仁慈，吾之大师姐是也。余有幸与汝同窗四载，博余之学识孤陋，助余之急难，屡授金石珠玉之言，余受教颇丰，在此拜谢。师门同辈，皆四海之栋梁，志虑忠纯之士，与吾情同手足。同门李君巍岳、范君占永、周君发根、王君洁、简君志伟、李君正宁、张君宇、陈君昀、曹君继刚、桑君凯、王君超、孙君盼盼、周君冰、朱君理想、姚君文池，皆善良忠厚之士，平时多蒙倾力相助，情谊久长，吾感动之深。师妹孙君海丽、李君楠、陆君旻丰、胡君敏、刘君程、李君敏珍，皆性行淑雅，手足情深，爱如兄妹。诸君于本书写作之时，皆诚心相助，使吾得以完成，余不胜感激。

余出身布衣之家，家教严厉，父严母慈。父母苦心经营，督导我兄弟二人读书求学，二十余年寒暑不断，风雨沧桑。吾兄弟二人恪守家训，明理至孝，奋发拼搏，而今终有小成。于此，跪谢双亲养育之恩，泣拜兄弟眷顾之情。身为长孙，吾自幼深受祖父母疼爱，多蒙姑叔之关爱，融融亲情，沁吾心脾，励我前行，终完成学业，每念及此，感恩涕零。

挚爱卢君惠敏，知书达理，温文尔雅。相识三载以来，与吾共勉，相濡以沫，举案齐眉，遂为知己。区区不才，何德何能，安得佳人若此？感恩之心，亦自拳拳。

至此，思绪云起，感慨万千。言辞有尽，感激无穷。余诚惶诚恐，谨撰此文，以致谢忱。

孙伟伟